天下文化

BELIEVE IN READING

做一件只有你能做的事

從一個人到一群人，鮮乳坊用一瓶牛奶改變一個產業

龔建嘉等——口述
謝其濬——著

序

你注定要做一件只有你能做的事

大動物獸醫、鮮乳坊創辦人 龔建嘉

「你注定要做一件只有你能做的事。」

這句話是我二〇一五年站上TED舞台演講的主題，當時講到我曾照顧過的除役軍犬Candy的故事，為了讓她有合理的退休待遇，我對抗上了整個軍方的體制，還記得那天我講到眼眶泛淚。那年，我只是一個小小的阿兵哥，沒有背景，沒有資源，但我心裡很清楚，這是我必須要完成的事情。

每個人的成長背景都不相同，過程中會慢慢形成自己獨特的觀察角度與思考方式，若把那些影響你的重要關鍵字找出來，會是什麼呢？可能是你的興趣、你曾經做過的一件事情、你的里程碑、你的個性等等，重點是這關鍵字就是你的部分特色，塑造出你看待事情時和別人不一樣的觀點。

相信總會有那麼一件事情，當你看到的時候，內心會感到觸動，而其他人並沒有像你這樣的感受。那一個時刻，就是注定你要做什麼事情的起點，而你一定要做那些事情嗎？能不能不做？當然可以，取決於你個人的選擇，但如果你不做的話，會有一個後果——就是你看到的問題，可能會永遠存在，而你的在乎與感受，也會被浪費。為什麼？因為其他人的角度和立場和你不同，不一定能夠感受到你發現的問題。

回到軍犬Candy的故事，在整個軍營當中，因為我負責照顧除役犬，所以和她關係最緊密；我也是少數沒有養過狗的獸醫師（家人會過敏），因此第一次能和狗一起生活一年，特別想要領養的情感油然而生；又因為我有經營部落格的經驗，能夠打開體制外的倡議管道，這一些原因組合起來都是我獨特的關鍵字，促使我有動力挑戰改變體制。透過許多熱心人士的串聯與幫忙，我在一年後成功推動了軍犬除役認養法規，最後雖然她來不及走出軍營，呼吸自由的空氣，但從她以後的軍犬，都可以開放民間認養回歸家庭生活。在這過程中，我真正理解到，沒有什麼事情是不可能的！會完成這一件事情，是因為我對這件事情的在乎遠遠超過其他人，即使保守如軍方，在最困難改變的體制之下，都可以鑿出一道光。

幾年後，我成為一位大動物獸醫。我穿著雨鞋，踩在牧場的牛糞上工作；我坐在酪農家裡的客廳，聽他們訴說整個產業的歷史與故事。因為大動物獸醫如同家庭醫師般的角色，讓我有機會觀察到牧場遇到的廠農關係撕裂，與產銷結構僵化所衍生的問題，我心裡再一次感受到那個觸動——他們的困境，如果沒有人解決，永遠不會改變。所以這一次，我發起了「自己的牛奶自己救」，對我所感受的問題，希望多做一些什麼。這也是鮮乳坊開始的故事。

回想這六年，好像已經過了大半輩子。鮮乳坊成立這段日子，太精彩，每一天都超乎預期，在這條一片混沌無法想像會怎麼開展的旅途當中，摸索著生存之路。有人說創業的公司，只有一％能在五年後仍存活。我以前總是覺得自己不是好運氣的人，抽獎不會抽到我，上課點名卻偏偏都是我，一直到成立了鮮乳坊，才知道我這輩子所有的運氣都在這裡，遇到了太多珍貴美好的人事物，極其豐盛。

一直以來，我都在夢想著，要讓鮮乳坊成為一個很不一樣的地方。從群眾集資開始，有一群「奶粉」無條件開始參與並支持；並透過群眾參與，以「非典型通路」開啟了一條不一樣的路；集資後，酪農陸陸續續參與加入，我們一起協同經營讓牧場更好，讓養牛成為一件值得驕傲的事情；當團隊越來越多人，我們希望每個夥伴都幸福，在公司內部也打造和傳統企業不一樣的制度和環境；想在資本主義的框架之下，找到各方利害相關人的平衡；雖然不知道這個夢能否實現，每一天都在努力的實踐著。

四年前，我們與天下文化開始了記錄鮮乳坊發展歷程的計畫。這本書經歷了好多重要的朋友的幫助，才到你的手中。頌欣姊、腸子都留下了採訪的足跡；謝謝編輯依蒔不放棄的堅持，以及天下文化團隊諸多的支持與幫助；最重要的是感謝其濬，在我們幾乎放棄希望時出現，用專業把所有零散的片段，變成一個完整的篇章。

這是一本有關鮮乳白色革命的書，這是一本和牧場、通路、合作夥伴、奶粉們有關的書。

這是一本和群眾運動、和共同參與、和創業點滴有關的書，希望這也是一本和你有關的書。

我是一個喜歡感受、喜歡觀察的人，對於一些自己無法認同的事情，常常特別有感。在你的生活當中，無論任何事情，一定有那個你所在意，但卻沒有被重視的事情。艾瑪・華森（Emma Watson）曾在一場聯合國的演講中說：「If not me, who? if not now, when?」從小到大，各式各樣的事件塑造出獨特的你，也支持著你，去做一件和別人不一樣的事情。這是一個共同參與的世代，每個人都可以為自己所在乎的事做些什麼，讓世界更接近你所想像的。

如果你和我一樣，是一個看起來再平凡不過的人，別害怕，你也可以為自己的產業發聲。從今天開始，去思考、去觀察你身邊發生的問題，無論你是在哪一個產業，看到問題之後，問問自己：「我能怎麼開始做？」

謝謝鮮乳坊所有的夥伴，以及這一路陪伴我們的所有人，因為大家成就了現在的鮮乳坊，如果沒有遇到你們，什麼事情都無法完成。最遺憾的事情，是因為書中篇幅有限，無法讓所有的夥伴故事都在書中完整呈現，但每一個人的故事堆疊起來，才塑造出現在的鮮乳坊。

希望看完此書後，「鮮乳坊」這三個字，能帶給你一種希望，一種改變的力量。

就是現在，你也可以在你的生活當中，發起一場小小的革命。

相信自己，你注定要做一件只有你能做的事！

contents

Part 2. 自己的牛奶自己救

Part 3. 有好農，才有好鮮乳

鮮乳坊共好學①與農民共好

開場白

從一名斜槓獸醫說起

乳牛睜大了眼睛向外望去，瞳孔又圓又亮，彷彿黑色鵝卵石，映照著獸醫龔建嘉走進牛舍的身影。

他已經著裝完畢。上半身是藍色獸醫服，下半身是防水褲套、雨鞋。左手戴上了長臂手套，右手掛上了一具超音波儀器。

時間是早上七點半，牧場的晨間擠乳已告一段落。乳牛回到牛舍裡，一字排開，從牛頸夾的空隙中探出頭，正低頭大嚼草料。有些牛隻身上已用紅色顏料做了記號，牠們就是今天龔建嘉要「摸牛」的對象。

獸醫的「摸牛」，就是「直腸觸診」。龔建嘉站在牛隻的後方，左手伸進了牛屁股。透過指間的觸感，可以迅速檢查出子宮、卵巢和血管的變化，再配合超音波儀器，可以判斷乳牛的健康狀況，以及是否懷孕。

乳牛是畜牧動物，牛隻如果不健康，泌乳也會有問題，除了直接影響酪農的生計，也有食安的隱憂。龔建嘉是專門看乳牛的大動物獸醫，這個角色不但守護了乳牛，同時也守護著酪農和消費者。

龔建嘉的另一個身分是鮮乳坊的創辦人。這家年輕的乳品公司，二〇一五年靠著群眾集資崛起，採取「一個牧場一個品牌」的方式，以高於市場行情的價格，向酪農收購生乳，強調「獸醫現場把關」、「嚴選單一牧場」、「無成分調整」、「公平交易」，既能鼓勵優質酪農，消費者也能喝到無混合、最接近天然風味的優質鮮乳。

用時下流行的說法，龔建嘉就是一名「斜槓獸醫」。事實上，兩個身分，同一個使命，都是為了「守護」而存在。龔建嘉透過鮮乳坊，讓獸醫的守護功能獲得放大與延伸，他要以「共好」為核心價值，建立讓夥伴幸福、消費者信任、農民驕傲、動物健康的健全食農生態。

這名個性熱血、內心反骨的斜槓獸醫，該如何完成使命？

Part 1

熱血獸醫養成史

在人生的路上，
龔建嘉總是選擇最有挑戰的那條路。
他意外考上獸醫系，
不當主流的狗貓獸醫，
寧可在牧場間奔波，
為數百隻乳牛直腸觸診、接生、開刀，
樂此不疲。
他關懷弱勢，
為無人聞問的除役軍犬發聲，
對抗權威，
成功翻轉了軍中多年陋習。
這位熱血獸醫相信，
「你注定要做一件只有你能做的事」。

Chapter 01

退役犬，與體制對抗的起點

二〇一二年十月二十八日，龔建嘉看了一部電影，片名是「永不放棄」（*Won't Back Down*）。

這部電影改編自真實的故事，描述兩位母親為了自己的孩子，不惜跟整個教育體制對抗，龔建嘉看得百感交集，回家後，便在個人的部落格上寫了一篇觀後感，他質疑：「你以為大家習慣的事情，就是正確的事情？」這部電影激發了龔建嘉很深的感觸，因為他當時也在跟體制對抗，進行一場「永不放棄」的實踐。

站在木板、鐵絲、水泥拼拼湊湊的破爛白鐵犬籠前，龔建嘉深深嘆了一口氣。這是全國軍唯一的軍犬單位，也是他研究所畢業後，服役的地方。

龔建嘉大學念的是獸醫。入伍前夕，他聽說在部隊中，駕駛兵是個比較悠閒的職位，還特別去考了大客車執照。新訓中心選兵，他如願進了憲兵的特種車輛連，還暗自慶幸應該能當上駕駛兵時，沒想到照顧軍犬的軍犬組，也隸屬於特種車輛連。

之前學長曾耳提面命，選兵時絕不能透露自己是獸醫，否則高機率會被編入軍犬組。龔建嘉鐵齒不信邪，自認獸醫身分沒有什麼好隱瞞，結果就真的被選入了軍犬組。

憲兵的軍犬分隊主要執行元首蒞臨場所時的爆裂物偵測，主要有德國狼犬，以及比利時狼犬。外人以為照顧軍犬是閒差事，只是身處其中才知道，每天要清掃四十坨的大便，刷洗二十四個犬籠犬舍，滿身的屎水、汗水，加上被狗咬的血水，聽到朋友還虧他是「爽兵」，龔建嘉的心情，怎一個幹字了得。

更讓他五味雜陳的，是軍犬的生活環境。由於任務特殊，軍犬組在軍中是個不太受督導的單位，平時乏人問津，外界很難想像，軍犬住的是陰暗潮濕的犬舍，每遇颱風就淹水，甚至還會有毒蛇跑進來。

不僅如此，龔建嘉還發現，軍犬可以獲得的資源很少。即使犬隻的數目增加了，伙食費還是一樣，飼養員除非自掏腰包，否則只能採購便宜一點的飼料，同樣的預算才能買多一點，然而因為品質比較差，犬隻的健康、毛色都會受到影響。

而且軍中並沒有軍犬的醫療中心，醫材、設備都不足，即使龔建嘉身為獸醫，頂多只能做些簡單的外傷處理，遇到軍犬生病時，很難使得上力。如果要送出去治療，因為要多花錢，長官通常不太願意放行。

這件事我不做，以後也不會有人做

當時，整個單位養了二十四隻軍犬，其中有十八隻是現役犬，還有六隻滿八歲的除役犬，而人員的編制不過二十人左右，有龔建嘉這種具有獸醫背景的一般兵，也有完全不會訓練狗的志願役士官、軍官，管教軍犬的方式就是打罵，心情不好就踹狗，因此，本來應該威風八面的軍犬，除了一身皮膚病，心理上也變得膽小驚恐。

比軍犬更悲慘的，是除役的軍犬。軍犬滿八歲除役，等同軍人的退伍。

然而，在當時的軍隊體制中，軍犬被視為軍品，就像是一支槍、一張桌子，而報廢的軍品如果不是銷毀，就是囤放，絕不能流出軍營。除役的軍犬，在軍中就是報廢的軍品，無法銷毀或囤放，處理方式就是關在營區中，等待老死。

龔建嘉在軍中照顧一隻叫作Candy的除役犬，牠是隻乖巧、卻又很有個性的「女生」。龔建嘉花了點時間，才跟Candy培養出感情，Candy對他非常順從，很喜歡跟著他。龔建嘉會帶著Candy一起在操場跑步，基本上這是不被允許的，但是龔建嘉不忍心牠整天關在窄仄的空間裡，特別為牠爭取到這項福利。

雖然已經除役，但當時Candy才八歲，好好照顧的話，還有好幾年可以活。然而，跟Candy只有一年緣分的龔建嘉，已經可以預見牠會如何過完一生。他查了很多資料，發現國外的軍犬在除役後，可以開放認養，事實上，在台灣，除役的警犬和緝毒犬，也能開放認養，只有軍犬始終是鐵板一塊。

龔建嘉認為軍方的做法很不合理，於是他利用休假時間，寫了厚厚一本軍犬除役提案，四、五十頁的內容，從軍方、民眾觀感、軍犬等角度，說明開放除役犬認養，會有什麼好處，連執行的做法也一併提供，然而，他往上級呈報，卻是石沉大海，得不到任何回應。

龔建嘉不死心，上頭的長官不理，他就再往上呈，一路呈到憲兵指揮部，還是遭冷處理，最後他考慮打國防部1985申訴專線。龔建嘉很清楚，打這支電話，等同是替自己找麻煩，因為國防部追究下來，長官遭殃，他在連上的日子也會很難過，因此除非萬不得已，軍中很少有人會去打這支電話。

當時單位裡還有五、六名獸醫，有幾位支持龔建嘉，但是他們不敢發聲，也有幾位對龔建嘉的做法非常不以為然，認為他即將退伍，放了一把火，拍拍屁股走人，爛攤子留給他們收拾。

但是，龔建嘉知道，這件事他不做，以後也不會有人做。

就在退伍前幾天，龔建嘉打了那支專線。結果，即使上報到國防部，仍得不到任何實質的回應。一直循著內部管道通報的龔建嘉終於了解，在體制內是不可能帶來任何改變的。

退伍後，龔建嘉心情仍難以平撫，那晚看了「永不放棄」，又喝了點啤酒，或許是酒精的影響，他覺得胸中塊壘，不吐不快，在部落格上，洋洋灑灑寫下千字長文，寫完就去睡了。

一夜之間，這篇文章經過不斷的分享，迅速擴散出去，《自由時報》甚至來電要採訪他，退役犬的收養提案，原本只有他孤軍奮戰，逐漸發酵為社會議題。

軍方的電話也來了，來電的是一個指揮部的上校，不但要求他立刻把文章撤下來，而且不要再去招惹媒體，「你要怎麼改變，我們可以商量，把事情鬧大，我們反而難做事。」對方語帶威脅，龔建嘉堅持一定要看到明確的解決方案，才會撤文。

對方甚至還來到龔建嘉家樓下，要開車載他進指揮部「溝通」，母親擔心兒子會一去不返，希望他不要去，但是龔建嘉相信軍方不會輕舉妄動，於是坐上黑頭車，進了指揮部。

其實，龔建嘉還曾經向台大獸醫系的費昌勇教授提過此事，費教授向來積極推動「動物福利」，他得知軍犬的處境相當震驚，表示願意助龔建嘉一臂之力。

後來，費昌勇除了聯絡中華民國關懷生命協會，也向當時擔任立委的蕭美琴陳情。由於軍犬被視為軍品，在法規上就是無法開放認養，必須從制度上去改革。

因為有輿論的壓力，相較於之前的態度，軍方似乎是想認真處理除役犬的問題了。二〇一二年十月十一日，立委蕭美琴在立法院外交及國防委員會質詢當時的國防部長高華柱，要求對除役軍犬，應仿照國內海關除役犬的方式開放認養，並成立軍犬養老金，高華柱答詢允諾，將會進一步研究，當天委員會也通過相關臨時提案。

原本以為牢不可破的僵化制度，出現了改變的契機。

經過一年多的努力，軍方終於在二〇一三年十一月，公告了國防部憲兵指揮部「除役（汰除）犬管理暨認養」實施計畫，並開放認養，第一波就有五隻除役犬開放認養。

沒有改變不了的制度

由於母親有過敏體質，所以龔建嘉家裡一直不能養有毛的寵物，Candy是他人生中第一隻建立深厚情感的狗。退伍後，龔建嘉在台南白河工作，有寬敞的空間可以養狗，他很希望能把Candy認養出來。然而，還沒有等到認養條令公告，龔建嘉就接到軍方通知，Candy由於腹腔內嚴重惡性腫瘤蔓延，已經過世了。

這是龔建嘉首次接到軍方「善意」的來電，對方卻又畫蛇添足，告訴他軍犬通常是集體火化，如果龔建嘉願意多付一筆費用，軍方願意為Candy獨立火化，再將骨灰留給他。

龔建嘉一聽，心中一把無名火起，「活的時候無法照顧牠，死了拿骨灰有有什麼用？」他痛罵對方：「幫狗獨立火化，不是你們該做的嗎？居然開口要我出錢做這件事，你們是不是太愚蠢了？」語畢便掛了電話。

得知噩耗後，龔建嘉心情十分低落，他在部落格寫下了這段文字：「對於外界的世界，她什麼都沒有留下，也什麼都沒有帶走，甚至連眼底的風景都沒有帶走，因為她到最後都不屬於外面的世界，一秒鐘都沒有。就差那麼一小步就會到了，真的真的只有一小步而已。」

除役犬開放認養後，龔建嘉曾經去拜訪過一個成功收養除役犬的家庭，對方是位愛狗的女士，把除役犬當作公主看待，談到狗兒的大小事，都如數家珍，龔建嘉很慶幸，除役犬終於可以離開營區，在外頭找到好的歸宿。

軍犬的管理也有改變，以往沒有獸醫背景，只要被分到軍犬組，都能

與除役軍犬Candy（右二）的美好情誼，成為龔建嘉（右二）勇於挑戰權威，改變體制的起點。

管軍犬，現在門檻提高了，要有相關專業才能訓練軍犬。像軍犬組後來換了一位士官長，就曾到國外受訓，把正確的訓犬方式帶回台灣，他告訴龔建嘉，短短幾年，軍犬組已經變了一個世界，軍犬的生活環境獲得大幅改善，是之前完全無法想像的事。

龔建嘉最終沒能讓Candy呼吸營區外自由的空氣，是他很大的遺憾，然而，這場小蝦米對大鯨魚的抗爭，成功翻轉了軍中陋習，仍為龔建嘉帶來不少啟發。

「制度是人建立起來的，人沒有十全十美，制度也一定有改進的空間，因此，我一直相信，沒有什麼制度是不能改變的，」龔建嘉說：「在所有人為制度中，軍中制度算得上是最難以撼動的，我都可以改變了，給了我很大的信心。」

一開始，他在體制內嘗試改變，成效不彰，反而是後來循體制外的手段，事情才有了轉機，特別是一篇部落格的文章，激發出了輿論的力量，推了除役犬認養制度一把，證明了一個人做不到的事，卻可能透過一群人來完成。

這個反骨、敢於挑戰權威、推動改變的大動物獸醫，是如何養成的？

Chapter 02

第五十六個志願，改變了他的人生

龔建嘉，中興大學獸醫系畢業，大學聯考填志願時，這原本是他第五十六個志願。

朋友都叫他「阿嘉」，一九八五年次，屬牛，台北出生，台北長大，從小是個會念書的孩子，高中考上了建國中學，開學沒多久，躊躇滿志的他，就面臨了震撼教育，第一次數學考試，只拿了二十幾分，對於數學成績從沒低於九十五分的他來說，衝擊很大。

父親從事機械代理，母親是小學老師，因為父系的家族出了好幾個醫師，加上自己喜歡生物，龔建嘉原本也打算未來從醫。不過，身處高手雲集的升學環境，龔建嘉發現自己不管再怎麼念，成績總是吊車尾，升上高二後，他對於自己能否考上醫科，已經不太有信心，於是他就把當時很熱門的生物科技、生命科學，列為主要的目標，獸醫因為跟生物有關，既可做臨床，也可以從事研究，也是生涯的選項之一。

建中時代的龔建嘉，視野很封閉，認識的學校大多都是耳熟能詳的名校，很少主動去了解其他學校，甚至很多學校的校名，連聽都沒聽過。填寫大學志願卡時，他把台大跟生物相關的科系填完一輪，還剩下許多空白，母親一時心血來潮，就幫他往下填，填到了第五十六個，就是中興大學獸醫系。

放榜時，龔建嘉第一個反應就是要重考，因為他很難接受去念一個過去很陌生，而且志願還不是自己填的學校。

大學九月開學，他八月就進了重考班，念了幾天，其實滿痛苦。後來，他跟國小同學相聚，大家喝點啤酒，聊聊近況，其他人聽說他要重考，感到不可思議，因為中興大學獸醫系也是很好的校系，而且他們拋出一個問題也提醒了龔建嘉：「能不能當上獸醫，最後都取決於獸醫師執照，那麼，從哪個學校畢業，又有什麼差別？」

微醺的龔建嘉一聽，覺得似乎也有道理。本來家人也不認為他需要重考，他回家就跟母親說：「好吧，那我去中興念念看。」

龔建嘉是台北小孩，他對獸醫師工作的想像，也很「都會感」，以狗貓獸醫為主，而系上同學多數跟他想法相近。當他發現，自己在中興獸醫系都沒辦法念到頂尖，他不禁思考，未來進入競爭激烈的狗貓獸醫市場，自己的角色定位是什麼？

「如果找不到可以貢獻的價值，整個獸醫產業，多一個我，少一個我，又有什麼差別呢？」龔建嘉的內心出現了這樣的聲音，於是，他開始尋找狗貓獸醫之外的可能性。

在獸醫系尋找自己的定位

龔建嘉受的是五年制的獸醫教育，大一到大三學習基礎學科，包括病理學、藥理學、細菌學、病毒學等；大四開始接觸豬病學、牛病學、禽病學等動物別學科；大五一整年在教學醫院實習，上學期在小動物（指貓狗等寵物）內科、小動物外科、野生動物科、大動物（指大型草食動物，如馬、羊、鹿、牛等）及畜牧動物（如牛、豬、雞等）科等不同組別中輪診，下學期則是選一個領域，整學期都在相關單位學習。

另外，大三升大四的暑假，也規定要實習，學生可以任選單位。龔建嘉大三念野生動物學時，對野生動物很感興趣，暑假的實習就選擇了屏科大的野生動物收容中心。

那個暑假，龔建嘉跟紅毛猩猩、陸龜、馬來熊、獼猴、老虎等形形色色的野生動物為伍，要幫鳥類開刀，固定受傷的斷骨，替大蜥蜴清創，為紅毛猩猩進行健康檢查，每種動物的處置方式都不盡相同，考驗著獸醫師的應變能力和創意。

比方說麻醉，有的野生動物還保留野性，又容易緊張，不可能乖乖任人擺布，醫療之前必須進行麻醉，麻醉一隻鳥、一隻烏龜，或是一隻紅毛猩，動用的工具、用藥、劑量，都不會是一樣的。

像紅毛猩猩可以用吹箭麻醉，然而紅毛猩猩很敏感，一發現有吹管接近，牠可能就伸手將管子抽走，然後上演人跟紅毛猩猩拔河的戲碼，如果不小心把吹管折彎，一支上萬塊的吹管就報銷了，紅毛猩猩甚至會故意當著獸醫師的面折彎吹管，挑釁意味十足。

為了轉移紅毛猩猩的注意力，通常得兩人一組，一個人跟牠玩，另一個人趁機出擊，然而吹箭快，紅毛猩猩反應更快，直接空中攔截，好不容易打中了，牠也可能馬上抽掉，一針藥劑要價五、六百塊，折騰個幾針，幾千塊就泡湯了。

即使紅毛猩猩中槍倒下，人獸鬥智還沒有結束。紅毛猩猩極聰明，牠會假裝被麻醉，如果人類不察，毫無戒心打開籠子，一百多公斤的紅毛猩猩竄跳起來，可不是鬧著玩的，獸醫必須全程掌握紅毛猩猩的狀況，必要時還得補針。

至於蜥蜴，因為皮很厚，無法用吹箭，則是放氣體麻醉。把原本住在鐵籠中的蜥蜴，趕進一個大型的水管中，頭尾封住，然後從水管上方的洞灌麻醉氣體進去。麻醉氣體該放多久，才能達到應有的效果，很不容易拿捏，因為體型不同，所需的麻醉劑量就不同。

而且，爬蟲類動物可以長時間閉氣，還能跟人類比耐性。有一次，龔建嘉以為氣體麻醉時間差不多了，一開門，蜥蜴一溜煙就逃之夭夭，他們花了老半天，還好，最後在一棵樹上找到牠。

選擇一條人少的路

照顧野生動物，過程緊張刺激，充滿了變數，但是能夠跟這麼多種類的動物打交道，卻也打開了龔建嘉的眼界，他花了很多時間查文獻，並觀摩其他人的做法，學習如何在有限的資源下，發揮創意，達成任務。暑假之後，升上大四，他還是會利用課餘時間去學校的野生動物門診跟診，持續了一年。

遺憾的是，在台灣，野生動物獸醫的就業機會很少，大部分的職缺都在公務機關，而龔建嘉完全沒有當公務員的意願，至於民間的動物園，雖然有一些照顧野生動物的工作，但是名額很少，只要原來的獸醫還沒有退休，就不會有職缺。

龔建嘉終究沒有成為野生動物獸醫，但是他與野生動物為伍的這段歷程，豐富了他對於獸醫這個角色的認知。

根據台灣的現行制度，醫學院的學生除了考醫師執照，還要根據自己選擇的專科，考取專科醫師執照，而獸醫系學生只需要考一張獸醫執照，沒有分科，照理來說，合格的獸醫應該要為每一種動物，提供醫療服務。

然而，現代生活中大家最熟悉的動物，已經不再是農村社會的牛、雞、豬等，而是「伴侶動物」，也就是一般說的「寵物」。寵物中又以狗貓最受關注，很多人對動物醫療的理解也多半停留在狗貓的醫療，來念獸醫系，一開始就打定主意當狗貓醫師，整個學習重心也擺在狗貓身上，相對缺乏診治其他動物的經驗，對獸醫產業難有全面性的理解，造成其他動物種類的醫療需求失衡，無法得到足夠的資源與照顧，龔建嘉覺得這樣實在很可惜。

「我們叫作獸醫，就是動物的醫師，學習的過程中，本來就應該接觸不同種類的動物，」龔建嘉省思，「而且，當你除了狗貓之外，還有野生動物、畜牧動物、實驗動物等相關經驗，你才能看到獸醫這個產業比較完整的面貌。」

龔建嘉很清楚，整個獸醫產業嚴重資源分配不均，個性反骨的他，不願意跟隨主流腳步，選擇另一條人跡較少的路徑——大動物獸醫。

Chapter 03

蕭老師，教會他「手心向下」

星期二，是獸醫師蕭火城固定到常青牧場看診的日子。

一九八六年創立的常青牧場，占地約一．二公頃，飼養牛隻約三百隻。整座牧場現代化設備完善，泌乳牛、乾乳牛、孕女牛、犢牛分區管理，為了提供牛隻舒適的生活場所，牛舍裝有電風扇降溫，有掃地機器人清潔環境，甚至設有雙刷式刷背機，可以幫助乳牛清潔皮膚，增加舒適感。

拿過神農獎的牧場負責人劉昌仁，是酪農第二代，原本學機械的他，不願見家族經營的牧場後繼無人，因此決定接班。

雖然從小看著父親養牛，一開始親自照顧乳牛，難免還是手忙腳亂，而每週過來幫忙摸牛的蕭火城，已和牧場配合多年，累積了信任感，是他面對乳牛各種疑難雜症時的救星。

「一般的狗貓獸醫就是單次的服務，飼主看完病就走，相較之下，大動物獸醫提供的是長期的醫療服務，會跟飼主建立很深的關係，對飼主來說，我們不但是獸醫，也是家人，」蕭火城有感而發。

出身農家的蕭火城，是台灣獸醫界的大前輩，經驗橫跨大動物、小動物、中獸醫（以中醫手法進行的動物醫療）等各領域，還是台灣少數的馬獸醫。他跨領域的專業養成，要從一位德國病毒專家說起。

大概在一九七〇年代，德國政府基於援外政策，曾經派了兩位專家來台灣擔任客座教授，幫酪農診治乳牛、上課。當時才從台大獸醫系畢業沒多久的蕭火城，應聘成為其中一位德國專家的助教，工作為期四年，帶著對方全台灣跑透透，負責翻譯、溝通。這位德國專家工作極為認真，經常是一早開工，中飯也不吃，一直忙到晚上，蕭火城跟在他身邊，獲益甚多，也奠定了他在大動物領域的基礎。

這位德國專家離開台灣後，蕭火城便留在台大的動物醫院，負責獸醫系學生的診療實習。退休後，為了回饋母校的栽培，他還是會回系上教授大動物外科。某天，在一場研討會上，有名學生走向他：「蕭老師，我以後也想當大動物獸醫。」

這名學生就是龔建嘉。

蕭火城看看他，話說得很直白：「過去，我遇過很多獸醫系的學生，都跟我說想當大動物獸醫，結果做了沒多久，因為吃不了苦，一個個都打了退堂鼓，你真的確定要走這一行嗎？」

即使當下潑了龔建嘉冷水，蕭火城仍然願意給他一個機會。他對龔建嘉說：「我已經從學校退休了，平時在多家牧場之間奔波，沒時間帶你。如果你真心想學，就去買部二手車，我每週二會在楊梅的常青牧場看診，你可以開車下來，在旁邊跟著學。」

常青牧場，就是龔建嘉大動物獸醫生涯的起始點。

對大動物愈來愈感興趣

龔建嘉升上大三時，開始對野生動物感興趣，有機會接觸到野生動物門診，當時也接觸了獸醫產科，由大動物專長的老師授課，開啟了他對大動物的興趣。

大三升大四的暑假，龔建嘉在屏科大野生動物收容中心實習後，體認到野生動物獸醫出路很窄，到了大四時，學習重心就轉移到大動物領域。

現任中興大學獸醫系系主任的陳鵬文教授，是當時教大動物的老師之一，他教學內容扎實，上課風格又非常幽默風趣，上他的課，龔建嘉如沐春風，對大動物也愈來愈感興趣。

另外，龔建嘉在屏科大野生動物收容中心實習時，認識了一位嘉義大學獸醫系的同學，對方知道他對狗貓之外的獸醫項目有興趣，就告訴他，已從台大退休的蕭火城老師接受嘉義大學的聘請，每週六會來為獸醫系的學生上一整天的大動物課程。

於是，龔建嘉每週六就從台中南下，去嘉義大學旁聽蕭老師的課，整整一學期，一堂課都沒有缺席。蕭老師授課也很有趣，經常展示一些牧場上會用到的醫療道具，讓龔建嘉對於大動物獸醫的工作內容，有了更具體的了解。

這是龔建嘉第一次跟蕭老師結緣。當時嘉義大學獸醫系還有夜間部，蕭老師的大動物課，是日、夜間部學生一起上，人數眾多，蕭老師對這名旁聽生並沒有留下太深的印象。

除了老師們的啟發，龔建嘉還因為同學的推薦，開始閱讀獸醫作家吉米．哈利（James Herriot）的《大地之歌》（*All Creatures Great and Small*）系列作品，書中描述了他在英國北方鄉間擔任獸醫的點點滴滴，吉米．哈利寫來溫馨又充滿人情趣味，也讓龔建嘉對於大動物獸醫的生涯，心生嚮往。

因此，從大四開始，他就參與大動物出診，地點包括了中興大學畜牧實驗場、東海大學實驗農場、清境農場等。一般人想到牧場工作，印象就是悶、熱、臭，龔建嘉本來就熱愛戶外活動，對於這樣的工作環境絲毫不以為苦，甚至還樂在其中。

獸醫系第五年是實習，上學期是輪診，下學期則選定自己感興趣的領域。每種領域開出的名額不同，像大動物實習只有五個名額，申請的人比較多時，就得根據成績來篩選。大動物實習很快就額滿，對大動物真的感興趣的龔建嘉，順利爭取到了名額，大五下學期都在做大動物實習。

跟牧場有了比較多的接觸後，龔建嘉更確定，相較於野生動物獸醫，大動物獸醫是畜牧產業不可或缺的角色，就職涯來說，會有更多發展機會，加深了他要成為大動物獸醫的決心。

在台灣，常見的畜牧動物，不外是牛、豬、雞，由於豬、雞的個別價值較低，少有飼主願意為單隻動物進行醫療，獸醫主要從事的是群體預防（比方說打預防針），相較之下，牛，特別是乳牛，單價約十到二十萬，乳牛的健康狀況還會影響產乳量，酪農願意花成本照顧，不論是個別或集體，獸醫可以針對內科、外科做出醫療處置，發揮的空間更多，這也是龔建嘉把重心放在乳牛的主要原因。

為了拜師，選擇台大獸醫所

中興大學畢業後，一心想從事大動物獸醫的龔建嘉，報考了三所大學的研究所，也都上榜了，他卻選擇沒有大動物臨床老師的台大獸醫研究所就讀。這個決定，其實跟蕭火城有關。

之前他去嘉義大學旁聽蕭老師的課，就大為折服。後來他想研究動物針灸，上網一查，發現蕭老師也是針灸高手。如果蕭老師還沒有從台大退休，龔建嘉一定會極力爭取成為他的學生。不過，由於蕭老師退休後，在桃園執業，龔建嘉自忖，台大雖然沒有做大動物臨床的老師，如果回台北念書，藉地緣之便，還是可以請蕭老師安排實習機會，因此選擇了台大獸醫研究所。

就在龔建嘉念碩士班沒多久，藉著研討會的時機，他向蕭老師毛遂自薦，蕭老師勉為其難給了他一個機會，龔建嘉當然無比珍惜，實習當天，約定時間是早上八點，他六點已經在常青牧場外頭等待。

第一次實習結束後，蕭老師沒多說什麼，只問了龔建嘉：「那麼，下個星期二同一時間？」顯然他的表現已經過關。

龔建嘉在常青牧場實習了幾個月後，蕭老師觀察到他能吃苦耐勞，是真心想從事大動物獸醫，便把其他牧場的出診行程，也開放給龔建嘉。原本龔建嘉得自己開車到牧場，後來蕭老師捨不得他花太多油錢，實習時都是搭蕭老師的車。

在台大獸醫所指導老師的支持下，龔建嘉利用研究室的課餘時間跟著蕭老師實習兩年。他還記得，一開始，蕭老師向酪農介紹他時，還語帶揶揄：「這是龔建嘉，他說他要做大動物獸醫，你們應該看過很多這種人吧？」言下之意，就是認為他跟之前帶過的學生一樣，做不了多久，就會受不了跑掉。

之後，他看到了龔建嘉的投入和好學，介紹他的口氣也不同了：「這是龔建嘉，他想做大動物獸醫，非常優秀，你們要好好照顧、支持他。」

蕭火城不只是嘴巴上說說，他傾囊相授，包括幫大動物針灸的絕學，也教給了龔建嘉，除了酪農的牧場之外，一般獸醫難得其門而入的馬場，也是蕭火城為他打開了大門。

獸醫在馬場經常要處理馬匹的運動傷害，而馬匹的運動傷害，則主要來自騎乘的觀念。為了了解如何正確騎乘，龔建嘉在馬場以醫療服務換學費的方式，學會了騎馬，蕭火城還送了他一套馬術專用的綁腿。

進入馬場的多半是政商名流，跟酪農的牧場是兩個世界。不論是馬場或牧場，龔建嘉的工作表現都獲得肯定，甚至有北部的知名馬場想網羅他，等他當完兵回來，就可以到馬場上班。

馬場或牧場？兩個世界都有迷人之處，讓龔建嘉做出選擇的關鍵，不是馬也不是牛，而是「人」。

獸醫診療的是動物，然而，真正服務的對象還是人。馬的飼主大多是律師、醫師、企業家，一般來說社會地位較高，而牛的飼主是農民，相較之下，更加真誠而單純。

因此，來自「天龍國」的龔建嘉，選擇他相處起來最舒服的農民，在乳牛的牧場找到了歸屬感。

追隨恩師，當個「手心向下」的獸醫

這天早上，龔建嘉工作的地點，是幸運兒牧場。

當他「摸牛」時，跟在他身邊核對牛隻狀況的年輕男子，是牧場第二代陳品至，畜牧科系畢業的他，已經陸續接手牧場的工作，最近乳牛的配種也是由他負責。

摸牛接近尾聲時，他們停在一隻前腿有包紮的乳牛身邊討論，這隻牛罹患過蜂窩性組織炎，陳品至把傷口照顧得還不錯，龔建嘉摸摸乳牛的腿，發現腿傷已逐漸恢復中。

完成工作後，牧場女主人吳碧莉招呼龔建嘉去廚房吃早餐。這天她準備了乾拌麵、豆腐湯，牧場主人陳界全還幫大家泡了咖啡。吃完早點，大家轉移陣地，到客廳去泡茶。

「大哥，品至很棒，這次配種是全壘打。」

「啊，就之前配種配得不好，被老爸念了，果然有念有差，」吳碧莉笑著吐槽兒子，不過，語氣聽得出還是很開心。

向來不多話的陳界全，聽到兒子被稱讚，只是氣定神閒的為龔建嘉空掉的杯子再斟滿茶。在工作的空檔中，跟酪農閒話家常，是龔建嘉身為大動物獸醫，最樂在其中的時光。

龔建嘉跟酪農形同一家人，同憂同樂，來自蕭火城的「身教」。平時，酪農家裡有活動，都會找蕭火城參加；酪農家中有長輩生病住院，對病情有疑問，不去問主治醫師，而是來找蕭火城；酪農夫妻吵架，老婆要離家出走，老公打電話請蕭火城勸和。

「從蕭老師身上，我發現大動物獸醫，不只是獸醫，也是這些酪農的家庭醫師，」龔建嘉強調。

他從蕭火城身上學到的另一件事，就是「手心向下」。從事大動物獸醫，藉專業之便，向酪農收取高額的診療費，或是賣飼料、營養品，都不是難事，但是蕭火城用他的專業來幫助酪農，是資源的給予者，而非利益的索取者，耳濡目染之下，龔建嘉也以照顧酪農做為工作的核心價值，因而有了後來的鮮乳坊。

為了幫助長期在產銷制度下，遭受不平等對待的酪農，除了獸醫的專業，龔建嘉又找到了另一個讓力量加乘的利器，那就是「群眾集資」。

Chapter 04

集資環島，一趟不一樣的旅行

鏡頭前，三個人男生一字排開，中間坐的是龔建嘉，左邊穿著深色T恤，戴著格紋帽的是雷皓明，右邊穿著白T恤，套著淺色襯衫的是陳奕帆。

他們是小學同學，在校時就是三劍客，畢業後仍持續著好交情。三人後來各有不同的生涯發展，龔建嘉是獸醫，雷皓明是律師，陳奕帆則從事活動企劃。

二〇〇六年，一部電影「練習曲」，帶動了台灣單車環島的風潮，兩年後，又有部落客「蛙大」將單車環島的歷程，寫成《島內出走》一書，單車環島成了年輕世代揮灑青春的熱血宣言。

二〇一二年，龔建嘉從軍中退伍，看過《島內出走》，他想找兩個死黨當旅伴，一起去環島。

當時，龔建嘉還沒踏入職場，時間比較充裕，一般的環島行程大概十到十二天，他想環島一個月，也不願意只是走馬看花，到此一遊，他希望自己的環島，可以有點不一樣的意義。

一開始，他並沒有具體的想法，直到他看到一份統計資料，全台動物醫院約有九百六十一家，台北市就有兩百三十二家，加上新北市的兩百二十三家，幾乎占掉了一半，高雄市有一百四十二家，台中市有一百二十一家，其他如花蓮市、花蓮縣、嘉義縣、南投縣等，都是個位數，台東縣甚至還掛零，顯見獸醫資源分布相當不均。在偏鄉地區，如果動物生病了，通常找不到管道進行醫療，更不要說有獸醫跟民眾對話，傳授動物飲食與相關的保健常識。

龔建嘉大學時曾經參加過世界聯合保護動物協會，從事TNR（Trap Neuter Return，即「誘捕、結紮、回置」），他福至心靈，想在環島的同時，在獸醫資源缺乏的地區為流浪犬結紮。

構想雖好，卻有個問題——為流浪犬開刀結紮，屬於醫療行為，根據法令，獸醫師要執業，除了要獸醫執照，還需要執業執照，而執業執照有區域之分，如果執業執照掛在台北，卻要到高雄執業，必須事先跟當地的獸醫師公會或地方政府報備。想在環島的同時為流浪犬結紮，不只各縣市都得報備一輪，十分麻煩，而且旅行的過程中，行程隨時可能變動，時間、地點、實際從事的醫療行為，都很難事先預估，並完全照表操課。

經過雷皓明協助確認，環島TNR的確可能踩到法律的紅線，因此改為環島衛教或諮詢，而雷皓明也想在偏鄉地區提供法律扶助，於是獸醫（Vet）加律師（Law）所組成的「肥肉青年（Vet Law）環島志工服務種子團」正式誕生。

結合社會參與和群眾集資的環島

相較於一般的單車環島，「肥肉」三人組的「島內出走」，除了有笑聲、汗水，還有兩個比較不一樣的特點：

首先，三人將自身專業結合社會參與，做為旅程的主軸。行前他們先跟偏鄉地區的學校、動保社團、教會聯絡，甚至還請鄉公所發布消息，告知在地居民會有一位獸醫和一位律師來此造訪，如果家中有動物，想請獸醫看看，就可以帶來活動中心。

三人組一個月的環島行程，花了許多時間探索偏鄉。有一站，他們造訪了雲林的獸醫師，透過對方的牽線，跟雲林科技大學的汪汪社進行交流，暢談流浪動物的問題；還有一站，他們去了位於台南市的東原國中，這是一所住宿型的專長學校，培養了相當傑出的籃球隊、舉重隊、跆拳道隊、高爾夫球隊、鼓隊等。龔建嘉一行人跟著舉重隊選手一起睡大通鋪，還在校長的安排下，跟國三的同學分享個人職涯發展的心得，為這些平日鮮少有機會接觸外界的孩子，提供生涯規劃的參考。

環島的過程中，龔建嘉正好遇到了一個巡迴幫流浪動物結紮的TNR團隊，他也下去幫忙，不過，為了避免觸犯法規，加上團隊本身有固定的作業流程，龔建嘉並沒有親自操刀，而是從旁協助，像是幫忙剃毛，多少也算是達成了當初規劃環島時的心願。

這趟行程的另一個特點，就是他們嘗試以群眾集資，來籌措旅費。

即使吃、住都走省錢路線，三個人環島一個月，仍需要一筆不少的旅費，龔建嘉當時才剛退伍，身上沒什麼錢，難免擔心旅費不足。由於雷皓明有個朋友在做群眾集資平台，就提議：「那我們來試試群眾集資？」

當時，在台灣，群眾集資才剛興起，知名群募平台如Flying V、嘖嘖，還成立不到半年，算是相當新鮮，出於好玩的心情，就在Flying V上，弄了一個群眾集資的提案。

旅伴之一的陳奕帆手上有部 Canon 550D 單眼相機，正好用來拍影片。因為資源有限，拍攝手法也很簡單，就是三個大男孩排排坐，對著鏡頭說明他們的訴求，搭配真情流露的文案，整個提案看起來，倒也有模有樣。

一開始設定的集資目標是三萬元，最後募集到三萬兩千五百五十六元。贊助者一共有二十五位，由於贊助者為匿名，龔建嘉猜想應該還是以親朋好友為主，多數選擇了一百元的單純贊助，不過，也有人贊助了八千塊，卻不要求任何回饋，鼓勵的意味濃厚。

回頭看當年的集資影片，三個男孩一臉青澀，卻也展現了想要改變世界的熱血性格。「我們要做的事情很小，但是希望造成的漣漪很大，我們要用自己的所學，來縮短一點點台灣的城鄉差距。我們將帶著大家的支持，散布給所有需要的人。」集資影片最後的幾句話，是龔建嘉的青春宣言，難能可貴的是，這份使命感至今仍流淌在他的血液之中。

龔建嘉初次體驗群眾集資，在沒有動用太多資源的前提下，結果還算不錯。二〇一五年，他再度登上 Flying V，這一次，他有了一個新的主題。牛奶。

Part

2

自己的牛奶自己救

台灣的乳品產業長期為大廠壟斷，
產銷制度失衡，
優質酪農無法獲得應有回饋，
大廠統一收購乳源再混合處理，
對消費者也有食安的隱憂。
一場食安風暴，
成為乳品產業改革的契機。
鮮乳坊靠著群眾集資崛起，
要帶給酪農和消費者不同的選擇。
三個沒有經營企業經驗的年輕人，
他們要如何從創業的修羅場中，
完成「自己的牛奶自己救」的使命？

Chapter 05

牛奶革命來了

退伍後，龔建嘉移居台南白河，開始大動物獸醫師的職業生涯。當時他任職於一家乳牛營養品公司「春穀」。因為工作所需，全台灣約有五百家牧場，龔建嘉就跑了三百多家。

他在「春穀」勝任愉快，工作內容主要是為各地使用營養品的牧場提供售後服務，在醫療方面比較無法好好照顧每一家牧場。因此，工作兩年後，他搬到雲林虎尾，當起獨立巡診獸醫，最多曾經在同一時期為三十家牧場提供醫療服務，包括內科、外科等診療內容。酪農的辛苦，以及面對大乳品公司的弱勢，乳品產業的各種問題，他比誰都清楚。

當時台灣的牛奶市場，前三大乳品公司大約占了八成。主要做法是從全台各地牧場收購生乳後，進行「標準化」加工，確保產品的風味與品質一致，再銷售到市場。消費者買到的，是混合了多家乳源的鮮乳。

標準化加工，並不是不好，是為了讓不同季節生產、來自不同牧場的生乳，在大量生產的條件下，一年三百六十五天都能維持產品穩定性的做法。然而，卻會改變生乳的天然風味，更因為不同牧場飼養狀況不同，生乳品質良莠不齊，全部混合在一起，對消費者來說，更有無法追溯手上這瓶鮮奶真實來源的隱憂。

產銷的機制在接近壟斷的現況下，乳品廠幾十年來都以「齊頭式」價格收購生乳，也就是講究飼養條件、生乳品質較佳的牧場，和飼養環境較差、生乳品質一般的牧場，酪農得到的報酬沒有太大的差異，更因為收購方的強勢，酪農和乳品工廠的對話空間非常有限，很難為自己爭取權益。

而產銷機制的缺點，影響到的不只是辛勤的酪農，也會影響到消費者——反正最終都是要「標準化」，反正牛養得再好，還是賣差不多的價錢，在現實的壓力下，牛隻的福利和生乳的品質似乎就沒那麼重要了。

二〇一四年，劣質油品事件爆發，消費者群起抵制某家鮮乳龍頭大廠，某天晚上，龔建嘉人坐在虎尾麵店吃晚餐，店內的電視播報著相關新聞，看得他五味雜陳。

看著Line群組中酪農們難掩焦慮的對話，身為與他們同休共戚的大動物獸醫，龔建嘉不禁思索：「我能不能為他們做點什麼？」

捨不得酪農沒有被好好的對待，龔建嘉決定發起牛奶革命，改變被大廠壟斷的乳品產銷體制。

他想成立一個平台，做為消費者和酪農的橋梁，協助小農成立自有品牌，將成分無調整、高品質的鮮乳，交到顧客的手中。

當時，個性好學的他，為了充實自己，報名了ALPHA Camp的網路行銷課程，人在南部工作，仍每個週六趕回台北上課。在十週的課程中，龔建嘉除了學到行銷觀念，也實際操作了臉書廣告投放，以及Google關鍵字搜尋。上這門課的學員，每個人還需要提案，然後透過投票，選出三個提案來進行演練。

在ALPHA Camp，龔建嘉首次拋出了「鮮乳坊」的概念，他還帶來當天在牧場生產、尚未滅菌的生乳提供試飲，沒想到，同學反應相當熱烈，紛紛投票支持他的提案。提案通過後，龔建嘉和其他學員組成四人團隊，架設網站，建立粉絲專頁，開始宣導獸醫師把關、小農直送等理念，結果蒐集到了約三千個電子郵件，在ALPHA Camp創下紀錄，因為過去最多大概是兩百多個。

課程結束後，團隊就散了，因為大家本來就是因為上課才聚集在一起，龔建嘉並不感到意外。不過，他認為，有近三千個電子郵件做為基礎，這個提案仍大有可為，接下來就是要找到啟動的方法。

之前為了單車環島，龔建嘉在Flying V做了群眾集資，他的確考慮過這個方式，不過，他也很清楚，要做群眾集資，必須設計文案、影片，以及各種回饋方案，繁瑣的細節勢必會占去他很多當獸醫的時間，所以他一開始並沒有積極朝群眾集資去投石問路。

不過，《牧羊少年奇幻之旅》（*El Alquimista*）中的名言：「當你真心渴望某樣東西時，整個宇宙都會聯合起來幫助你完成。」就在龔建嘉身上發生了。

「摸牛」少年奇幻之旅

龔建嘉之前環島時合作過的Flying V，團隊發現了鮮乳坊的粉絲專頁，約有五千多名粉絲，就私訊龔建嘉，問他願不願意上Flying V，促成了雙方第二次合作。

龔建嘉原本就認識Flying V的創業團隊成員，其中有一位林大涵，之後自立門戶，創辦了另一個群眾集資顧問公司「貝殼放大」。龔建嘉決定要上Flying V做集資提案後，前置作業中有一項問卷調查，便找林大涵幫忙。由於問卷調查的反應很好，給了龔建嘉更多信心。

比較困難的是影片。龔建嘉之前做「肥肉環島」提案時，沒找專業人士，三劍客自己拍，拍得很陽春，然而，到了要拍鮮乳坊的集資影片，龔建嘉居然找到了資深的電視劇導演來幫忙。

原來，資深導演王小棣成立的「稻田電影工作室」曾經拍過一齣偶像劇「長不大的爸爸」，劇情就是描述一名乳牛獸醫接下牧場，成立小農品牌的故事，製作團隊訪談了好幾位乳牛獸醫，做為編劇內容的參考，龔建嘉是其中之一，而他也因此認識了製作人安哲毅和導演徐東翔。

龔建嘉告訴徐東翔，自己要集資賣牛奶，徐東翔很訝異，沒想到戲劇裡的情節，居然在現實中上演，就承諾龔建嘉，要幫忙他拍影片。專業導演拍片不馬虎，從人力、設備都不便宜，龔建嘉問他費用怎麼算，徐東翔很坦率告訴他：「如果真的要付，你應該付不起，就當作是我幫你一個忙。」

當文案、影片陸續備妥，還有一關——得設計回饋方案，除了尋求贊助，還有一個重要的目的，就是先找到消費者。

「牛奶是批量生產，一次就需要兩噸，也就是兩千罐牛奶，」龔建嘉解釋：「但牛奶保存期限只有十天，如果不做群眾集資，我還不知道消費者在哪裡，牛奶就已經過期了。」

回饋方案鼓勵消費者訂牛奶，從一個月、三個月，到半年、一年，透過預訂的量，鮮乳坊便能每週固定生產牛奶，形成一個可以長期運作的商業模式，而不只是單次性的活動。因此，在回饋方案中，他提供不同的訂購選項，而群眾付的錢形同「預購款」，至於每種選項如何定價，還得更精確的計算成本。

牛奶需要冷藏配送，成本比較高，一定得事先評估清楚。龔建嘉去請教有生鮮機車配送的「厚生市集」。厚生市集創辦人張駿極坦言，沒有明確的配送地點、區域，以及材積的設計方式，實在很難估算成本。不過，即使資訊極其有限，龔建嘉還是設計出幾種回饋方案。

從事群眾集資，還必須設定目標金額。你達標了，甚至還超過了目標，才能拿到全部的贊助款，不過平台會抽一定百分比的費用；如果沒有達標，你不必付平台費用，但是贊助款必須全數退還給贊助者，你一毛錢都拿不到。

龔建嘉那時已掌握三千個電子郵件的名單，他保守估計只會有五分之一的人贊助，再乘以預設的客單價，大概抓出一百萬的目標金額。

由於集資還需要一個具體的訴求，龔建嘉就從配送物流成本高昂切入，以集資購置冷藏車，做為改變牛奶產業的起始點。

在這次的集資提案中，也出現了鮮乳坊第一版的logo，設計師洪和悅那時候剛從學校畢業，非常有熱忱，而且對日本的牛奶包裝很感興趣，之前他是從臉書的粉絲專頁得知鮮乳坊，就主動提議要幫忙設計logo，龔建嘉欣然接受。

鮮乳坊的logo經過幾次演化，最大的改變是乳牛身上的斑點，從原本單純的黑點，後來是以台灣的形狀呈現，更強化在地的概念，而且臉上也多了表情。

自從決定上群眾集資平台，龔建嘉就不斷有貴人相助，因為眾人之力，一場牛奶革命，就要開始發動。

再度挑戰，難以撼動的體制

吉他配樂如晨霧漫開，畫面從牧場的一角展開，溫暖的曉光中，穿著藍色獸醫服的龔建嘉走進了牧場，開始大動物獸醫的例行工作。

畫面中央浮現了字幕：「這是一個沒有假期的工作，就像照顧小孩一樣，全年三百六十五天無休，隨時準備應付緊急狀況。在食品安全引爆全國疑慮時，民眾紛紛抵制購買鮮乳。信任被破壞，就在彈指之間，酪農卻是最無辜的受害者。但是新的一年已經開始，二〇一五年我們將擁有一個改變的機會。」

接下來，龔建嘉對著鏡頭，侃侃談起牛奶市場機制失衡，對消費者、酪農都不公平，「因此，我想以一個大動物獸醫師的身分，來建立一個公平貿易的鮮奶平台，讓酪農能夠有合理的利潤。」

二〇一五年一月三十日，這支「自己的牛奶自己救」的群眾集資影片上線，一開始勢如破竹，三天就達到目標金額，是Flying V成立以來，在最短時間就達到一百萬門檻的集資案。

當時，龔建嘉還在參加讀書會，成員中有報社記者，鮮乳坊的集資案因此獲得媒體的曝光，在輿論的推波助瀾下，前兩週的成長曲線拉得非常高，之後稍微掉下來一點點，不過每天仍有幾萬塊的贊助款湧入，最後幾天，曲線再度飆高，畫下了完美的句點。

龔建嘉是個正向思考的人。當初他在軍中推動除役犬認養，同梯的隊友問他：「你有想過成功的機率有多少嗎？」他的回答是沒有，他做一件事很少會先去想失敗的可能性。

鮮乳坊的集資案，龔建嘉也始終當作一定會成功的事情去進行。「我非常討厭浪費時間，如果我預期事情會失敗，代表會白忙一場，就不會全心投入了，所以我的原則就是，一旦決定要做，就根本不去想會不會失敗。」

然而，當集資的金額衝到兩、三百萬時，龔建嘉突然意識到，自己承擔了很多人的期待，壓力便隨之而來，但是他已經無法回頭，只能繼續前進。

「我原本對生活的想像，就是在牧場裡工作，跟酪農維持良好關係，工作完成後，就到咖啡廳看書，很愜意的生活，做鮮乳坊這件事，會完全改變我的生活型態，」龔建嘉坦承，當時他的心情其實是憂喜參半。

鮮乳坊首次群眾集資，便募集到六百多萬元，贊助人數近五千人，雖是一場勝利，這也代表龔建嘉必須完成他的承諾。此時，牧場、加工廠其實都還沒有著落，預告的配送日則一天天逼近。

挑戰才正要開始。

Chapter 06

蝙蝠俠：噓聲阻止不了的決心

二〇一五年三月三十一日，鮮乳坊的群眾集資結束，五月十八日，第一批牛奶開始配送。

牛奶的生產、加工、套標、配送，所有的流程，幾乎是一個半月內搞定，事後回想起來，龔建嘉自己也覺得不可思議。

其實，大概在集資金額到了兩、三百萬時，龔建嘉知道箭已上弦，必須展開前置作業，就在三月五日成立了公司，讓群眾集資的這筆錢進入公司戶頭，正式成為鮮乳坊的營運金。從法律上來說，就算募款進入龔建嘉的個人戶頭，也沒有任何問題，他選擇在集資結束前就成立公司，目的是讓鮮乳坊的金流透明化，讓參與集資的支持者能放心。

同時，他也開始尋找可以配合的牧場和加工廠。位於彰化福興鄉的豐樂牧場是鮮乳坊第一個合作牧場。龔建嘉大學時代就認識牧場負責人黃常禎，畢業後他自立門戶，也一直為豐樂提供獸醫服務，彼此已建立了很深的信任，而且豐樂也有意願做品牌，在豐樂的支持下，乳源的問題迎刃而解。

至於找加工廠，並不順利。在鮮乳坊之前，群眾集資多集中於科技產品、文創商品，農業產品的客單價較低，季節的波動性高，過去很少有集資成功的案例，鮮乳坊各項配套還未具體成形，就透過群眾集資一炮而紅，獲得媒體的關注，卻也引發了質疑，擔心他是不是藉機會吸金。業界開始流傳一些耳語，要大家提防龔建嘉。

他原本已經找到某家乳品廠願意和他合作，對方臨時跟他說抱歉，坦承受到了一些壓力，沒辦法幫他代工。沒有人為生乳加工，就無法出貨，眼看著就要開天窗了，又有貴人出手相助。

當時，已經有不少媒體在報導龔建嘉要幫助酪農的故事，全國農會的總幹事張永成看到了報導，頗受感動，他認為農會是服務農民的組織，鮮乳坊要做幫助農民的事，農會應該要支持，就指示農會所設立的台農鮮乳廠去聯絡龔建嘉，看看有無可以提供協助之處。起初聯絡不是很順利，對方花了點時間才找到他，接到電話時，龔建嘉差點沒感動到哭出來，找不到加工廠的危機，終於解除警報了。

鮮乳坊一開始沒有自己的辦公室，只是在時代基金會的「共同工作空間」（Co-working Space）租了兩個位子，主要是給負責內勤的共同創辦人林曉灣，和另一位客服夥伴柯智元使用。沒多久，公司搬到八德路上的台北社企大樓，辦公室在三樓，透過厚生市集的介紹，借了二樓勝利廚房的冷藏庫，約五坪大，做為倉儲之用。

每次進貨時，都得把沉甸甸的牛奶放在拖車上，用電梯運到二樓，冷藏庫也要安排人力，負責把每箱約二十公斤的牛奶，一箱箱疊高。因為冷藏庫是 4°C 低溫，在裡頭工作時，還得穿著大衣。

配送之前得先包裝。包裝的程序很繁瑣，牛奶要先套標，放進可以避免失溫的舒服多袋，袋中加入一片保冷劑，再套一層塑膠袋。由於配送車大概八、九點會到，一定要趕在車子抵達之前，完成包裝。然而，保冷劑時效有限，還不能提早作業，因此每次包裝，大概都是從早上六、七點開始，所有人都得進冷藏庫幫忙，一路跟時間賽跑。

當時，林曉灣幾乎是以辦公室為家，收訂單、接客服，工作到很晚，索性就睡在辦公室，第二天一早又得爬起來包裝牛奶，焚膏繼晷推動每天的營運。

鮮乳坊的配送，一般訂戶是由找厚生市集配合，主要以機車宅配，至於店家通路，則是找來兼職人員擔任「奶哥」，駕駛冷藏車配送，人手不足時，除了公司成員，甚至連親朋好友，也一起加入送貨的行列。

另一位共同創辦人郭哲佑，早期也經常支援送貨。有一次，是個風雨交加的颱風夜，當時公司已搬到新莊化成路，冷藏庫設在一樓，二樓是辦公室，三樓則是放紙箱等物材的倉庫。因為擔心倉庫淹水，他和幾個同事留守公司，隨時注意一樓的狀況。到了凌晨三、四點，才發現三樓漏水，紙箱都濕了，一群人手忙腳亂，好不容易天亮了，雨勢稍歇，正打算補個眠，此時某商場通路的採購來電，要求鮮乳坊送貨，郭哲佑只好硬著頭皮，開著冷藏車，送牛奶過去。

一夜風雨肆虐後的街道，沿途都是頹倒的路樹、吹落的招牌，郭哲佑操作著不熟悉的手排車系統，一路心驚肉跳，覺得自己真是玩命搏業績。

而龔建嘉在創立鮮乳坊後，工作重心還是放在雲林，平日仍跑牧場當獸醫，週間會安排兩天回台北，除了跟同事開會，也會一起幫忙包裝牛奶。他每週兩地奔波，不以為苦，只因他自許要成為守護酪農的蝙蝠俠。

當龔建嘉決心去做一件事時，即使困難重重，他還是堅持到底，甚至愈挫愈勇，唯一會打擊他的，是「自己人」的不支持。

噓聲阻止不了他的決心

他成立鮮乳坊，起心動念就是幫忙酪農。然而，也有業界的人認為他獸醫不好好當，越界去賣牛奶，簡直不務正業。像他有位同為乳牛獸醫的學姊，就在臉書上發文諷刺：「有些人就自以為是，覺得自己是蝙蝠俠，可以改變這個世界，別傻了吧。」

有些酪農也不支持他，因為整個產業控制在少數大廠手上，已經行之有年，雖然不盡公平，也習以為常，龔建嘉跳出來推動牛奶革命，說不定會激怒這些大廠，祭出不友善的手段，酪農反而遭池魚之殃。

這些負面的聲音，曾經讓龔建嘉情緒低落了很長一陣子。

不過，另一方面，也有酪農私下鼓勵他，認為他做了正確的事，而這些持正面態度的酪農，對於產業的思考沒有既定框架，除了大廠，他們也願意嘗試其他的合作可能。有位跟他要好的年輕酪農，在報上看到了龔建嘉的報導，還特意剪下來，裱框送給他，龔建嘉十分感動。

從過去推動除役犬認養，他很清楚，改變從來就不是一蹴即成，也不是你登高一呼，大家都會給你掌聲，有時候，質疑和噓聲甚至會排山倒海而來，考驗著改革者的決心。龔建嘉捫心自問，照顧農民，帶給消費者優質的產品，絕對是一個正確的方向，也是他責無旁貸的使命。

「哪怕被不屑，我也要當酪農的蝙蝠俠！」龔建嘉對自己信心喊話。

在眾多的超級英雄中，蝙蝠俠是個特別的角色，他不能飛天、不會吐絲，不具備任何超能力，仍願意扛起一切，承擔責任，也要對抗壓力，即使箇中辛酸難為外人道，依然堅持完成使命。

慶幸的是，龔建嘉不必孤軍奮戰，鮮乳坊另外兩位共同創辦人——林曉灣和郭哲佑，就是他的最佳拍檔。

做對的事，不會孤單。改變乳品產銷體制的路上，龔建嘉找到他的最佳夥伴——林曉灣（左）、郭哲佑（中）。

Chapter 07

媽祖婆：一手包辦大小事

二〇二一年四月十八日，苗栗通霄白沙屯拱天宮媽祖進香活動第十天，沿途有許多服務香客的攤位，其中也有鮮乳坊。

共同創辦人林曉灣，本身對宗教活動很感興趣，正好有夥伴沒參加過這類文化盛會，便相約共襄盛舉，將合作牧場的「幸運兒」鮮乳，發送給信眾享用。林曉灣也陪著鑾轎走了一段路，「感覺媽祖就在隊伍裡，很安心，也很感動。」

私底下，也有夥伴給了林曉灣「鮮乳坊媽祖婆」的封號，或許是因為，從創立一開始，她就是個坐鎮在公司裡，為眾人帶來安心感的角色。

林曉灣跟龔建嘉是國中同學，升上高中、大學，雙方一直保持聯絡。「我比較得過且過，相形之下，而他一直是很上進，想要改變世界的人，」林曉灣形容這位老同學：「他沒事就會來激勵我，而我每次跟他講完電話，就覺得受到了鼓舞，因此，他雖是我的同學，其實也有點像是我的老師。」

林曉灣從小愛喝牛奶，把牛奶當水喝，連吃餅乾也要挑牛奶口味，因此，老同學創業找她幫忙，產品還是自己最愛的牛奶，她便一口答應了。

進入鮮乳坊之前，林曉灣在一家做LED招牌的小公司上班，負責設計工作，除了老闆、老闆娘，就只有她一名員工，老闆在外頭開發業務，公司裡的大小瑣事，包括了接電話、報價、進出貨、客服等，幾乎都是她一手包辦。

因為林曉灣會設計，龔建嘉退伍後，曾經有機會代理一款寵物的口腔噴劑，就找林曉灣協助設計海報、DM等宣傳品。後來龔建嘉決定要做鮮乳坊，林曉灣就幫他經營粉絲團，開始籌備群眾集資時，她也參與寫文案、做點小插圖。

當時林曉灣還在前公司上班，她在工作之外，抽空幫龔建嘉忙，因為多半是零星瑣事，還算游刃有餘。集資結束後，開始要整理出貨名單，必須投入大量的時間，她才決定離職，正式加入鮮乳坊。

沒多久，龔建嘉又找來曾經創辦「17 support」的郭哲佑，形成了鐵三角的陣容，至今仍是鮮乳坊的領導核心。

三個人很快就建立起分工模式，龔建嘉照顧牧場，為牛奶的品質把關；

原本就有業務開發經驗的郭哲佑，在外頭奔走，想方設法把牛奶賣出去；至於牛奶從進到出這一段流程，就是林曉灣的守備範圍。

對外服務客戶，對內照顧夥伴

鮮乳坊草創初期，百廢待舉，負責內部營運的林曉灣，主要服務的對象就是那群參與群眾集資的訂戶，安排訂單、出貨、接客服的電話，因為她前一份工作也是類似的內容，林曉灣原本以為不會太難，等到她親自下海，才發現自己想得太簡單了。

一般企業的訂單是慢慢累積，鮮乳坊因為靠群眾集資起家，第一次出貨，就是筆大單，共有五千名消費者。而且，龔建嘉當初設計的回饋方案很複雜，除了有每週配送兩瓶的方式，還提供了總量十瓶、三十瓶、五十瓶、一百瓶的選項，而且可以自由選擇配送次數，因此林曉灣還得跟這些選項的訂戶一一聯絡，確認對方想要怎麼配送，安排出貨順序。

由於訂單整理太耗時間，林曉灣找來弟弟幫忙，寫了一個 excel VBA 程式，可以輔助輸入的效率和正確性。某一天，陸續有客人打電話來，或是收到牛奶，但是收件人名字不符，或是數量錯誤，訂了三瓶來了四瓶，才知道輸入的資訊整個亂了套，名字、地址、電話、數量全部兜不起來。

當時辦公室裡也不過兩、三個人，面對這場災難，完全不知所措，「那是個可怕的經歷，一輩子都不會忘記，」林曉灣至今仍餘悸猶存。

補救之道，是一筆筆核對資料，名字錯了，打電話跟訂戶說明，因為其他資訊錯了，造成沒收到牛奶或數量少了，便補給對方，至於之前多送的，就當作是贈送了。

林曉灣坦承，鮮乳坊早期真是狀況百出，三不五時就得危機處理。有一批牛奶，數量兩千瓶，品質檢驗雖然合乎政府的法規標準，但是不符鮮乳坊自訂的高標準，最後決定那個星期不出貨，牛奶的損失還是小事，該怎麼通知訂戶才令她頭大。

因為公司成員還不多，基本上都是林曉灣自己打電話、接電話。由於經常跟客人聯絡，有些人她已熟記在心，不用看資料，光聽到名字，腦海自動浮現對方之前發生過什麼事，後來如何處置，該如何應對，形同「行走的客服系統」。

處理「人」的事，一直是林曉灣在鮮乳坊的工作核心，早期是面對客人，隨著團隊成員增加，跟內部夥伴的溝通，就變得更為重要。

鮮乳坊初期沒有人事制度，用人基本上都是透過朋友介紹、願意跳下來幫忙的義勇軍。因為事多如毛，狀況不斷，每天忙著救火都來不及，彼此很少溝通，在龐大的工作壓力下，負面的情緒油然而生。

痛定思痛，努力從源頭避免信任危機

早期有一位暱稱「光頭」的夥伴，除了客服，也協助倉儲、物流等工作，幫了林曉灣不少忙。光頭加入鮮乳坊，只因為認同龔建嘉的理念。

林曉灣還記得，某天晚上，大約八、九點時，因為有狀況，隔天無法出貨，她覺得有義務告知消費者，就發了簡訊給所有人，光頭本來已經要下班了，突然發現客服信箱開始爆信，大家都是因為收到簡訊，來信詢問原委，他就很有義氣留下來回信，一晚上沒睡，把信回完。

光頭臨危不亂，公司每次出包，他的第一個反應是「冷靜，讓我們想想該怎麼解決危機」。然而，這位最佳救火隊，最後卻跟鮮乳坊分道揚鑣。

他的不滿，源自業務、內勤兩種立場的衝突。業務要幫公司賺錢，自然是拚命接單，但是當內勤人力不足，訂單愈多，代表工作負擔愈重，如果還是臨時加單，更加手忙腳亂。

認知差異造成的不舒服，點點滴滴累積，緊繃的弦終於斷開，光頭選擇離開，還斷絕了跟鮮乳坊相關人等的所有聯絡。

林曉灣跟光頭有革命情感，最後竟是這樣收場，她感到十分難過。這件事也提醒她，即使例行工作再忙，也不能輕忽了溝通，而且溝通不能拖延，每拖過一天，之後要花的心力和時間成本就愈高。

於是她開始投入很多時間跟夥伴溝通，有一段時期，甚至是每星期跟每位夥伴進行一小時的懇談，了解他們對工作的想法、對公司的期待，聆聽他們的心聲，建立相互了解的工作氛圍。

「很多夥伴是抱著高度的熱情來到鮮乳坊，時間一久，熱情會燒盡，你必須為他打造舞台，讓他看到自己在這家公司有未來，」林曉灣有感而發。

「而且，每個人都是站在自己的角度看事情，他不一定理解公司各種做法，比方說，事情都做不完了，公司還全力配合客戶的要求，夥伴會很困惑，因此，必須一再跟他們溝通公司的理念，才不會形成信任危機。」

事實上，林曉灣跟龔建嘉、郭哲佑之間，也是花了很長的時間磨合，才逐漸建立起共識和默契。

創業鐵三角中，龔建嘉和郭哲佑平時都在外頭跑，林曉灣的角色類似「賢內助」，他們對外的承諾，就靠林曉灣和內勤夥伴完成。鮮乳坊成立初期，為了開發市場，郭哲佑大量接單，而且經常臨時調貨，增添內勤作業的變數，林曉灣雖然知道業務發展很重要，但是看到內部夥伴當時必須天天加班，她內心感到很不平衡，只因為工作實在太忙，不得不先壓下情緒。

有一次，林曉灣終於忍不住，和郭哲佑在辦公室爆發衝突，郭哲佑還在她面前重重摔了電話。為了避免影響其他同事，兩人約在公園談判，對彼此高聲怒吼，氣氛緊張到差點要打起來。

她跟龔建嘉的衝突，多半來自權責上的混亂。龔建嘉雖是公司的決策者，然而，他總是再三強調：「我不是老闆。」另一方面，他又很樂意對公司的事情給「意見」，讓夥伴無所適從，不知道他的「意見」是純屬建議，還是指示，如果又跟林曉灣的決策不同，在領導上就成了多頭馬車。

三個人雖是合夥人，因為各自投入不同戰場，平時少有交集，都不知道對方在忙什麼，在意的是什麼，心裡有話也沒機會說出來。林曉灣認為不能這樣下去，即使工作再忙，她每個月也要約兩人一起吃飯，促成三人對話的機會。

另外，她也會走出辦公室，跟著龔建嘉去找酪農，跟著郭哲佑去跟通路開會，進入他們的工作領域，體認三人雖然專業不同，一樣是為公司打拚，也比較能設身處地，理解他們的立場。

林曉灣還去上了「Coaching（企業教練）」的課程，她覺察內心長期隱忍不發的「阿信情結」，學習為自己的立場發聲，不再當小媳婦，他們也因此理解她的感受，避免踩到地雷。

大學念了七年，共經歷三所大學、四個科系，林曉灣過去一直不知道自己的強項為何，也不確定自己到底想做什麼。意外成為鮮乳坊的創辦人後，她才慢慢發現自己樂於助人的特質，因而找到個人的使命，就是從事人才培育，為每位夥伴創造個人價值，幫助他們發光發熱。

要成為鮮乳坊的成員，必定要經過林曉灣這一關，她是這家公司的守門人，也是穩定內部的定心針，因為有她，在鮮乳坊這條船上，眾人同舟共濟，即使遭遇驚濤駭浪，總是能穩健前行。

Chapter 08

樂高男孩：堆疊出無限可能

鮮乳坊的三名共同創辦人之中，加入最晚的郭哲佑，年紀最小，創業經驗卻最豐富。

朋友很少稱呼他全名，而是叫他「郭YO」，那是因為他就讀高中時，考卷上懶得寫完整的名字，只寫「郭佑」，後來連「佑」都直接寫成「YO」，這個嘻哈風的暱稱就一直跟著他。

他平時的穿著也走嘻哈風，寬大的T恤，棒球帽，笑起來有點靦腆。大男孩的外表下，其實有著敏銳的「商業魂」。

「舉例來說，當我走進一家店，就會開始掃描店裡的位子數、來客數，了解客單價，估算出營業額，然後從店老闆的角度思考，可以怎麼調位子、改東西，提升營業額，甚至還會去看店家在網路上的評價、它的社群經營做得好不好……」郭哲佑描述。

他的大腦裡就像是內建了計算機，不斷進行各種資料的運算。

郭哲佑從小愛玩樂高，不知道是不是因此啟發了他的數理能力，求學時，多數科目表現欠佳，唯有數學一枝獨秀，考上輔大的統計資訊學系。

因為數學好，郭哲佑十六歲開始教家教，十八歲進補習班教數學，教出了口碑，學生最多時有五十幾個人，補習班老闆索性把整個體系中數學這一塊，交給他來經營。除了教數學，郭哲佑也在網路上買賣虛擬寶物，生意最好的時候，一個月可以賺到四十萬。

在商業中落實公平與正義

錢賺得太容易，讓郭哲佑失去對投資風險的警覺性，大三暑假，他在虛擬寶物上投資失利，賠掉了近百萬，正在失魂落魄時，有位李禮孟老師拉了他一把，帶了他和另外兩位學生，前往雲南昆明從事偏鄉服務。

在昆明的某一天，郭哲佑看到一名小男孩在吃一顆髒兮兮的飯糰，便好奇問對方：「這是你的早餐，還是午餐？」男孩告訴他：「這是我的早餐、中餐，和晚餐。」

「聽到他回答的那一刻，我徹底崩潰了，我第一次覺得，自己根本是個廢物，」郭哲佑回憶。目睹當地的孩童必須在惡劣的環境求生存，對於向來衣食無虞的他，是一記暮鼓晨鐘，促使他重新審視人生的價值。

近兩星期的偏鄉服務，打開了郭哲佑心中善念的開關。回到台灣後，他開始教弱勢學童數學，也跟一群有志於社會企業和公益組織的輔大同學合作，在校內開設以「公義（公平與正義）」為訴求的實體商店，後來因故未成，改為創立「17 support」，透過網路平台販售特色農產、公益團體的商品，推動「用消費改變社會」的社會企業理念。

郭哲佑經營了「17 support」兩年，後來因為組織的人事重整，他必須離開投注許多心血的團隊。這一次的創業，雖是以失敗收場，卻也累積出不少人脈資源，就等著另一個舞台出現，讓他可以施展身手。

他並沒等太久，「用消費改變社會」的機會再度出現，這次是一家牛奶公司——鮮乳坊。

郭哲佑還在「17 support」任職時，也在一家寵物食品公司「Doggy Willie」擔任專案顧問，主要工作是採訪專業人士，某一次的採訪對象，就是獸醫龔建嘉。

那次採訪，讓龔建嘉對郭哲佑印象深刻，後來得知他離開「17 support」，便有心網羅。事實上，當時郭哲佑有好幾個工作機會，甚至有中國的電商向他招手，開出相當不錯的條件，另外，郭哲佑自己還有一個樂高的事業。

身為資深的樂高玩家，郭哲佑一直以為百貨通路的零售價格實在太貴，後來他發現網路上有些賣家可以賣到六、七折，可見得進貨成本一定更低。「商業魂」告訴他這是一門好生意，於是他就把香港樂高社團所有的賣家都敲了一輪，表示他想要批貨，陸續收到了回應後，他飛到香港，把這些賣家約出來吃飯，開始做起生意。

郭哲佑把樂高事業經營得有聲有色，不但從香港批貨，從日本、美國、歐洲，都找到貨源，他也因為賣樂高，又結識了不少人脈。

二〇一四年底，就在郭哲佑樂高事業起飛時，龔建嘉找他吃飯，同桌還有林曉灣。當天談話的主軸，是龔建嘉請教他創業的事，不過，他隱約也嗅到了「面試」的意味。吃完那頓飯後沒多久，郭哲佑就決定加入他們。

「那陣子我看過不少人說要創業，就是他們兩個人讓我覺得是認真的。而且，我可以感受到他們對我的信任，跟我之前的老闆不是那麼信任我，形成對比，這也是我決心跟他們共事的關鍵，」郭哲佑透露。

龔建嘉的創業訴求，是照顧酪農，也讓他耳目一新，符合他想做的社會企業。郭哲佑之前的事業，不論是補習班、賣虛擬寶物、賣樂高，父親都不太以為然，唯獨對這家要為酪農發聲的牛奶公司，認為值得一試，甚至還提供了創業資金。

郭哲佑是基督教徒，對於「約翰福音」中的名言：「一粒麥子如果不落在地裡死去，它仍然是一粒；如果死了，就結出很多子粒來。」他有一番深刻的體會。

當初離開「17 Support」，算是郭哲佑人生一次重大的挫敗，他有好幾天足不出戶，關在家裡好好沉澱後，決定重新站起來。他事後回想，正是之前跌落谷底的痛定思痛，才有後來創業能量的強勁力道。

由於在「17 Support」已經累積了不少業務經驗，在創業鐵三角中，龔建嘉要照顧牧場，林曉灣也沒有跑過業務，自然還是由他扛起鮮乳坊的業務開發。

之前的創業經驗教會郭哲佑一件事，即使是以改善社會問題為使命的社會企業，除了談理念，也要能夠把東西賣出去。鮮乳坊是家牛奶公司，產品是牛奶，一旦開始向酪農收奶，就有固定的奶量必須消化。

透過群眾集資，鮮乳坊起步時已有一批基本的訂戶，但是光靠訂戶絕對不夠，因此從集資階段開始，郭哲佑就著手通路的開發，特別是B2B（企業對企業）的通路，靠著在「17 support」時期四處征戰累積的五百張名片，郭哲佑為草創的鮮乳坊爭取到不少合作的機會和資源。

穿針引線，創造無限可能

鮮乳坊成立初期一年半，只有郭哲佑一名業務，他完全憑商業直覺，覺得哪一個通路值得開發，就主動去叩門，微風廣場、Jasons Market Place、全家、天仁茗茶、路易莎、大苑子等各大通路，都是他開疆闢土的戰果。郭哲佑還開發了「非典型通路」，包括補習班、藥局、健身房、文具店，甚至是樂高店，在一般人想像不到的地方賣鮮奶。

除了找通路，郭哲佑還負責找人。不過，「獵人頭」這件事，他只做到「獵」，之後再交給龔建嘉、林曉灣去面試。鮮乳坊從初期的三人團隊，發展到目前近七十人的規模，超過一半的夥伴都是他找進來的。

另外，鮮乳坊跟外部資源的串接，郭哲佑也是重要推手。以配送為例，龔建嘉原本並沒有物流相關人脈，便由郭哲佑介紹了之前合作過的厚生市集，才順利完成牛奶送抵消費者手上的「最後一哩路」。

由於鮮乳坊堅持無添加、無調整的鮮奶，對於保存溫度相當敏感，如果只是採用一般的冷藏車宅配，配送過程中，品質會有波動，而且運費也高。因此，當郭哲佑透過厚生市集得知，工研院正在研發城市冷鏈物流技術，便主動爭取合作的機會。

工研院提出的解決方案，分為蓄冷片、蓄冷背袋兩部分，前者充當冷源，後者則提供可隔絕外界熱能的密閉空間，形成可以維持鮮奶品質的低溫環境，而蓄冷背袋方便攜帶，物流人員騎機車便可運送，大幅提升宅配的彈性。

更大的挑戰則是找錢。踏入牛奶產業後，郭哲佑才知道，通路付款給鮮乳坊的時間，比鮮乳坊付款給酪農的時間，晚一到兩個月，也就是說，應收帳款還沒進來，就必須先付款給酪農，牛奶賣得愈好，要先付的錢愈多，即使鮮乳坊　開始有群募的資金，很快就面臨現金短缺的窘境。

由於公司需成立滿一年才能申請企業信用貸款，鮮乳坊出現金流問題，一開始是靠龔建嘉的爸爸出面向銀行貸款，借了五百萬度過難關，但是資金很快燒完，此時見性基金會執行長王俊凱及時提供了三百萬的資金，暫時解決了燃眉之危。

郭哲佑還在「17 support」時，曾經跟王俊凱合作過，雙方一直維持良好互動。王俊凱是郭哲佑眼中的「貴人」，當他得知鮮乳坊財務吃緊，很有義氣出手相助。只是靠著這筆錢熬過了一個月，下一個月要付的貨款又緊追上來。

為了籌措資金而焦頭爛額，郭哲佑只好向父親求救，想用家裡的房子來貸款，父親問他：「你又把公司弄倒了嗎？」想到自己出來創業好幾年了，還要父親幫助，郭哲佑十分難過。

其實，鮮乳坊不是沒賺錢，只是資金一時調度不過來。隨著公司營運步上軌道，加上增資策略奏效，財務壓力逐漸緩解，郭哲佑最終並沒有動用父親的錢。

那幾個月籌錢的經驗，讓郭哲佑深刻體會創業預備金的重要。「在某些時刻，的確想過會不會挺不過去，」他坦承。慶幸的是，關關難過關關過，鮮乳坊經歷了創業初期的各種考驗，不但存活下來，而且日漸茁壯。

加入鮮乳坊之後，郭哲佑就沒什麼時間照顧樂高事業，導致業績一落千丈，公司也只好先收起來。

「如果繼續做樂高，我相信自己可以賺到不少錢，但是，也只有賺錢而已；但是做鮮乳坊，可以為產業帶來一些改變。」在樂高和牛奶之間，郭哲佑終究選擇了可以產生影響力的事業。

樂高遊戲，透過單片積木的串聯和堆疊，創造出無限可能。郭哲佑現在不太玩樂高了，但是他充分發揮了樂高的奧義，不斷連結人脈和資源，為鮮乳坊帶進源源不絕的成長動能。

Chapter 09

許願池：有求必應的天使投資人

創業這回事，每位創業家各自點滴在心頭，不過，有一點絕對能引起所有人的共鳴，那就是燒錢的速度。

龔建嘉在Flying V募到了六百多萬，加上他和林曉灣、郭哲佑準備的三百萬創業基金，看起來不少，其實很快就燒完。即使龔建嘉透過父親的公司，向銀行借了五百萬，郭哲佑從見性基金會借到了三百萬，也只能暫時解危。創業三人組可以預見，隨著銷售通路不斷增加，公司需要更多資金。就在他們準備進軍全家便利商店的前半年，開始著手增資計畫。

三人組是商場菜鳥，連如何做增資簡報，都不是很熟悉，憑著勇氣到處叩門。有幾家企業的投資部門給了希望，甚至還要求鮮乳坊簽保密協定，似乎很有機會，談了一、兩個月，對方最後卻給出一個遠低於討論的價錢，龔建嘉等人的期待，終究還是落空了。

他們也找過　家知名的電商，談了幾個月，眼看要大功告成，約好簽約當天，對方來電告知，他們後悔了，「我們差點沒爆炸。」

當時，龔建嘉已是創業者學習平台「ＡＡＭＡ台北搖籃計劃」的學員，校長顏漏有得知鮮乳坊尋求增資所遭遇的困境，除了協助團隊建立完整的投資簡報，並建議他們第一次增資，不見得要找大型的投資機構，以多位資金規模較小的「天使投資人」，來達成增資的目標，成功的機會更高。

鮮乳坊第一輪增資三千萬，大概找了八位「天使」，包括了展逸國際行銷創辦人張憲銘，他是龔建嘉在「ＡＡＭＡ」的同學，還有一位從事國際物流的林鐘豐，淵源很特別，是龔建嘉家教學生的家長。

龔建嘉在台大獸醫研究所就讀時，曾經當過林鐘豐兒子的數學家教。林鐘豐認為龔建嘉誠懇又認真，對他十分欣賞，家族聚餐、員工旅遊還會邀請龔建嘉參加。後來龔建嘉當兵、到南部發展，他們一直都保持聯絡。

林鐘豐很認同龔建嘉成立鮮乳坊的理念，當他得知鮮乳坊需要找「天使」，二話不說，找來另一名友人共同投資。

增資時如果有好幾位投資人，通常需要有一個「領投人」的角色，制定投資的條件，其他人按照這個條件投資。鮮乳坊第一輪增資的「領投人」，就是「活水影響力投資」。

二〇一四年是台灣社會企業元年，在這一年成立的活水影響力投資，是由四十三位來自台灣及矽谷不同領域與專業的社會中堅，以實驗性俱樂部眾籌模式（Club Funding）所成立社企投資開發機構。

活水總經理陳一強曾在管理顧問公司服務多年後，轉戰社會企業領域，曾在二〇〇七年初，協助輔仁大學創立了台灣第一個「社會公益創業研究計劃」。陳一強原本就認識郭哲佑，也知道他是鮮乳坊的創辦人之一。

二〇一六年，陳一強受邀擔任第二屆社企流育成計畫的評審，郭哲佑則代表鮮乳坊報名並入選。當時活水正在尋找有潛力的社會企業，陳一強便跟董事長鄭志凱約了龔建嘉等人見面，詢問鮮乳坊有無增資的計畫，雙方展開了合作。

投資優秀的團隊，為社會創造價值

鮮乳坊第一輪增資，活水雖是「領投人」，不過陳一強認為，其他的「天使」都是龔建嘉找來的，「阿嘉自己才是『領頭人』。」

活水的成立宗旨是輔助社會企業成長，除了是投資人，也扮演了「陪跑」

的角色，提供企業發展時所需要的各種資源。鮮乳坊一開始欠缺公司治理的經驗，活水使安排致伸科技董事長梁立省擔任董事，之後為了在打造品牌上有所突破，改由肯夢創辦人朱平接棒，貢獻他豐富的品牌實戰經驗。

活水目前約有八十位股東，專業橫跨不同領域，形同陣容龐大的顧問群。當鮮乳坊需要找人力資源專家諮詢，或是建立ＥＲＰ（企業資源規劃）系統時需要求教，就會找陳一強幫忙引薦人選，因為有求必應，林曉灣還形容活水就像是鮮乳坊的「許願池」。

陳一強透露，他經常在晚上八、九點時，還接到鮮乳坊的電話，內心其實很欣慰，「股東和被投資人，很難得可以這麼親近，」他補充：「而且，『被需要』也讓我們很有成就感。」

活水對於所投資的社會企業，很重視創業者是否堅持初衷。五年下來，陳一強觀察鮮乳坊始終秉持改革產業的信念，只是格局變得更大。另一方面，他也見證了團隊成長，除了龔建嘉之外，郭哲佑從王牌業務員，接下了執行長一職，成為全方位的領導者，而林曉灣也從原本的一張白紙，升級為人資、財會的專業人士，在她的統籌下，二〇二一年鮮乳坊不但成功導入SAP ERP系統，而且提前上線，「我在企管顧問界這麼多年，ＥＲＰ提前上線的例子，還真的相當罕見，」陳一強坦言。

不同於一般創投，活水做的是「影響力投資」。陳一強認為，鮮乳坊實踐理念，為社會創造價值，並培育出三位優秀的創業家，日後都是台灣社會的資產，讓活水相當引以為傲。

經過第一輪增資後，鮮乳坊已經沒有資金短缺的壓力，然而之後又進行了兩輪增資，則是為了公司長期發展的策略考量。

從處處碰壁到外部主動爭取投資

某天，龔建嘉收到了一封大江生醫投資部門的來信，表示對鮮乳坊有興趣，希望能見面聊一聊。

龔建嘉原本對大江生醫一無所悉，見了面才知道，大江生醫擁有不少特殊菌種的專利，在乳製品中可以充分發揮活性，因此他們想找乳品公司合作。大江生醫負責人林詠翔看了不少鮮乳坊的報導，相中這個團隊的創意與活力，希望能夠透過投資的方式，展開產品相關的合作。

「第一次增資時，我們承受著極大的資金壓力，不但處處碰壁，還遭到欺騙，沒想到時隔一年多，卻是業界的前輩展現了極大的誠意，希望能爭取我們的合作，想想真是不可思議，」龔建嘉感嘆。

為了能夠將更多資源挹注給鮮乳坊，大江生醫希望能投資鮮乳坊三〇%股份，不過，經過團隊內部討論，為了保有公司經營更多自主的空間，鮮乳坊最後同意大江投資約一〇%股份，完成第二輪增資。

二〇一九年五月，鮮乳坊推出了「玻妞優格飲」，就來自於大江生醫的技術合作，將母乳萃取的TCI633菌種，放在特A級鮮乳裡安全發酵，發酵過程自然產生玻尿酸。這款產品很受女性消費者的喜愛，也讓鮮乳坊成功跨入了營養保健市場。

鮮乳坊在第一輪增資時，最初的目標只有一千萬，當時曾接觸過中信創投，對方的態度很友善，只是鮮乳坊需要的資金規模，對於中信這樣的大型投資機構來說，標的太小，不符合投資方向，最後並沒能促成合作。

雖然合作未成，中信創投資深業務副總經理邱明慧非常欣賞鮮乳坊，那一年的年節贈禮就是用鮮乳坊的產品，還把鮮乳坊介紹給威秀影城等重要的客戶，牽成了兩者後來的合作。

中信創投過去投資的對象以文創類型居多，近年開始積極參與社會企業投資。中信創投跟鮮乳坊有前緣，也看到了鮮乳坊的成長茁壯，認為雙方的合作有指標效果，就在二〇二〇年底，主動表示希望投資鮮乳坊。

中國信託的信用卡發卡數在全台數一數二，在消費通路具備強大的品牌力，對於一直想推廣到家庭消費者的鮮乳坊會是很大的加分。而且，這次中信創投是從ESG（環境、社會和企業治理）的角度來投資鮮乳坊，不會只看財務表現，更重視社會企業所創造的價值，符合鮮乳坊的目標與願景。因此，中信創投在二〇二一年年初入股鮮乳坊，這是鮮乳坊的第三次增資。

鮮乳坊是社會企業，一方面肩負造福社會的使命，另一方面也必須透過商業經營，才能生存下來。要在社會價值和財務獲利之間，取得平衡，股東的支持十分重要，「如果他們不認同我們的經營方式，我們就會窒礙難行，」龔建嘉坦承。

幸運的是，鮮乳坊找到的投資人，基本上都相當尊重鮮乳坊的理念。活水、中信創投本來就是以創造社會價值為投資的著眼點，大江生醫是上市公司，難免對財務表現上有所要求，倒也不失為務實的提醒。

當「企業存在的目的，就是創造股東價值最大化」，仍是許多投資人主流的想法，鮮乳坊的股東們卻樂意為他們提供各種資源和協助。

談到鮮乳坊跟股東的合作，龔建嘉如數家珍——活水介紹了財務、人資領域的相關人脈，對於快速成長中的鮮乳坊，助益良多；大江除了掌握不少專利技術，是鮮乳坊研發新產品的祕密武器，還具備強大的建廠能力，鮮乳坊未來如果要自己建廠，大江會是最好的後盾。

至於中國信託，雖然才剛入股不久，就多次釋出協助的善意。當他們知道，跟鮮乳坊配合的路易莎咖啡受疫情影響，用奶量大減，便發動內部夥伴進行團購，中信旗下的台灣彩券公司還跟鮮乳坊合作「哞力四射」刮刮樂，首開先例將鮮乳做為商品獎項，話題性十足。

第一輪增資的「天使」林鐘豐也打電話給龔建嘉，希望可以跟鮮乳坊有更多的互動。年屆退休的他主動請纓，成為鮮乳坊的顧問，運用多年的人脈，幫忙推廣鮮乳坊。

對鮮乳坊來說，每一位股東都像是許願池，源源不絕帶來開創新局的金斧頭、銀斧頭。

這群股東們都在業界上打拚多年，見多識廣，為什麼他們不遺餘力來幫助這家年輕的牛奶公司？或許是因為他們在龔建嘉和他的夥伴身上，看到了商場上一個難能可貴的特質——善良。

Chapter 10

真正重要的東西，是什麼？

成立於二〇一二年的「AAMA台北搖籃計劃」，是一個推動「共學」、「共創」，以培育台灣下一代具指標性創業家為使命的公益學習平台，每年根據創業者個人特質、新創企業的成長性、市場競爭力、國際化能力等因素，評選優秀的台灣新創加入，而龔建嘉是第五屆學員。

二〇一九年九月，「AAMA台北搖籃計劃」執行長林蓓茹，帶著龔建嘉，以及同屬第五屆的印花樂共同創辦人沈奕妤，參加了一場社群經理的分享聚會。當天晚上，聚集約一百多位的聽眾，提問相當熱烈。

其中，有一名聽眾問了兩位創業家一個問題：「創業家最重要的特質是什麼？」這個問題，林蓓茹聽過了各種答案——熱情、堅持、企圖、有夢想……，但是龔建嘉的回答，卻是她比較少聽到的。

他的回答是，善良。

「那麼一個血氣方剛的大男生，從他口中說出如此溫柔的字眼，當下有點意外，但是我可以理解他為什麼這麼說，」林蓓茹回憶。

龔建嘉在她面前流下男兒淚的畫面，她仍然記憶猶新。

一次受到「背叛」的經驗

鮮乳坊成立以來，龔建嘉偶爾會帶著下游廠商去參觀、熟悉上游牧場，他會這麼做，立意良善，為了讓買家了解牛奶的生產過程，也讓酪農知道，自家的牛奶會交到什麼樣的廠商手上。不過，為了避免牧場作息經常受到打擾，龔建嘉並不常做這件事。

有一位ＡＡＭＡ的同期學員，原本是鮮乳坊配合的廠商，他提出要求，希望能認識鮮乳坊的每一家牧場，由於對方既是廠商，也是同學、朋友，龔建嘉毫不猶豫帶著對方去拜訪牧場，居中介紹，場面一團和氣。

他沒有想到，事後這位廠商私底下跑去找酪農，要求跳過鮮乳坊，直接收購乳源，而且還向酪農強調「已經跟鮮乳坊達成了協議」。由於廠商是龔建嘉介紹的，單純的酪農不疑有他，便答應了。

過程中，還有個插曲。對方一開始找酪農洽談時，消息傳到了龔建嘉耳裡，他打電話向對方求證，並表示自己覺得不受尊重，對方坦承這麼做不妥，承諾不會再這麼做，結果接下來的一個月，對方每星期去找牧場，用盡各種話術，就是要把乳源搶走。

這位廠商不付一毛錢給鮮乳坊，就可以拿到鮮乳坊投入心力管理好的乳源，甚至以自家品牌，推出一款鮮奶，鮮乳坊因此蒙受了數百萬的損失。

這次事件更重創了龔建嘉的情感，他看待世界的價值觀，一夕崩毀。「過去，我一直認為，人可以透過信任來合作，我不可能防每一個人，我也不想防每一個人。如果每一件事都必須建立在合約上，我的人生會很辛苦。而且，如此一來，創業就太無趣了。」

「我的憤怒在於，我如此相信對方，卻遭到了欺騙，這是否代表，我以後都無法信任我的合作夥伴。可能我這一輩子，就碰上一次這樣的人，但是因為他，我再也無法相信別人，這對我來說，很不公平，對其他人來說，也很不公平。」

發現自己「真心換絕情」，龔建嘉當下有很多情緒。這次遭挖牆腳的酪農，是他長期合作的牧場，龔建嘉甚至開始懷疑，是不是自己做得不夠好，才讓酪農決定「背叛」？

負面情緒淹沒了龔建嘉，林曉灣和郭哲佑看情況不對，決定介入，第二天就搭第一班高鐵下去，跟酪農溝通。當時他們已做了最壞的打算，就是酪農如果真的要「分手」，也只好祝福。然而，實際跟酪農談過後，才發現他們也是被蒙在鼓裡，完全不知道事態會這麼嚴重。

最後三方達成協議，由於酪農事先已給了承諾，因此仍會提供乳源給那位廠商，但是供應量會減少，而且產品名稱也不能掛牧場名稱。

這件事一度讓龔建嘉受傷很重，然而，危機也是轉機。之後，龔建嘉跟酪農開了很多次會議，想找出是否有鮮乳坊做得不夠好，或是應該做得更好之處，又或是他們潛意識有所不滿，但是一直隱忍不發的問題，經過反覆的剖析、釐清，酪農很認真告訴他，他們沒有不滿，而且鮮乳坊的照顧，遠超過他們的預期。經過了這次的考驗，反而更加深了彼此的信任。

之前，牧場這一塊是龔建嘉的守備區，因為事涉專業，郭哲佑和林曉灣很難插得了手。這次的危機，卻多虧他們扮演了龔建嘉和酪農間的溝通橋梁，緩解了緊張的關係。他們下雲林的當天晚上，龔建嘉就傳了感謝的簡訊，當他陷入巨大的低潮時，兩人適時出手，幫了他很大的忙。

三人原本只是事業夥伴，共事的過程中，又免不了出現各種衝突和摩擦，然而，當鮮乳坊面臨了「外患」，三人同心面對，想方設法解決。這種「共患難」所培養的革命情感，點點滴滴累積，也成為鮮乳坊可以穩穩走到今天的基礎。

這個危機，起源自某個夥伴的背叛，後續的發展，反而更彰顯了真正的夥伴，彼此的情誼是何其珍貴。

重新定義乳品產業，讓改變成真

二〇一九年那場分享會上，龔建嘉說出的「善良」兩個字，在林蓓茹心中始終縈繞不去。二〇二一年，她在「創業新聲帶」的Podcast，想找不同的創業家談最重要的特質，第二集就是找龔建嘉談「善良」。

她長期陪伴新創家，很清楚創業過程中會面臨到的各種誘惑和壓力，如果內心沒有堅定的價值觀，很容易迷失在商業利益的追逐中，忘記了創業的初衷。

在那次「挖牆腳」事件後，對於是否該繼續帶廠商到牧場參觀，公司內部曾經出現質疑的聲音，連龔建嘉都不得不承認——這麼做，其實無法帶來直接的利益，還有買家跳過鮮乳坊，直接找酪農交易的風險。

經過心情的沉澱後，龔建嘉還是不改初衷，以善意、信任來對待合作夥伴，「如果，只因為一個人的背叛，我就對他人失去信任，豈不就是讓對方得逞，代表我原本的方式錯了，而他的做法才是對的？」

鮮乳坊成立以來，除了遭人挖牆腳，也遇過代送商捲款潛逃，或是通路商惡意下架，在爾虞我詐的商業環境中，維持善良的心，並不容易，難怪亞馬遜創辦人傑夫・貝佐斯（Jeff Bezos）要語重心長的說：「善良是一種選擇。」

龔建嘉選擇善良，並不是因為天真，而是他更在乎「真正重要的東西」，這是《小王子》（*Le Petit Prince*）帶給他的啟發。

《小王子》一直是龔建嘉很喜愛的一本書，甚至還私下為《小王子》寫了續集。鮮乳坊成立初期，當夥伴只有二十一人時，他就贈送每人一本《小王子》，希望團隊成員也能從這個雋永的童話中，有所體悟。

在《小王子》的尾聲，當小王子跟狐狸告別時，狐狸告訴了小王子一個祕密：「一個人只有用心去看，你才能看見一切。因為，真正重要的東西，只用眼睛是看不見的。」

善良不是口號，而是他的選擇。在創業修羅場中，
龔建嘉沒有忘記初心，努力透過對話，取得酪農、
通路、消費者、股東以及工作夥伴的信任和支持。
（照片：TEDx Taipei 提供）

即使熱血如龔建嘉，創業過程中，他也會陷入徬徨、不確定、自我質疑的焦慮情緒，此時，那句「真正重要的東西，只用眼睛是看不見的」，總是能將他帶回創業的起點。

龔建嘉其實可以不必創業，靠著獸醫的專業，他可以獨善其身，過著不虞匱乏的生活。然而，因為酪農待他如家人，他無法忍受酪農在整個乳品產業中遭遇到不平等對待，成立鮮乳坊，就是要為這個產業帶來改變。

鮮乳坊不只是賣牛奶，還要改變消費者與酪農的互動，提升酪農的成就感，甚至還要重新定義牛奶產業，讓改變成真，才是最重要的東西。

光靠龔建嘉一人、鮮乳坊一家公司，力量都相當有限，必須透過酪農、通路、消費者，甚至是社區間的合作，集眾人之力，才能成就改變的大業。如果凡事只顧及自己的利益，不考慮對方，就不可能有真正的合作，這也是龔建嘉必須選擇「善良」，讓產銷結構裡的所有利益相關者，藉由彼此對話，相互信任、支持，進而打造共同的價值鏈，因為這才是鮮乳坊存在的意義。

互信、互利、互惠，跟每個人都結成夥伴，是這場牛奶革命所彰顯的核心價值，簡言之——共好。

Part

3

鮮乳坊共好學❶ 與農民共好

有好農，才有好鮮乳

牧場是鮮乳坊的根，
酪農用心養牛，
鮮乳坊才能帶給消費者優質的產品。
除了以契作保障酪農，
鮮乳坊協助合作牧場打造品牌，
提供管理優化服務，
並將獲利回饋酪農從事設備更新，
讓乳牛有更好的生活環境。
每個牧場都是一個家，
鮮乳坊將這些不同的「家」串聯在一起，
組成一個大家族，攜手合作，
找回產業的榮光。

Chapter 11

叫我鋼鐵人：豐樂牧場

二〇二一年，在嚴峻的Covid-19疫情中，牧場仍無法停下運作的腳步。每天餵牛、擠乳的例行工作，如常進行。龔建嘉也按照行程，前往各牧場提供獸醫服務，但是為了避免群聚，暫時不進入酪農家中，跟他們喝茶、聊天。

這天，龔建嘉來到位於彰化福興的豐樂牧場，則是為了另一個原因。他要參與搾乳機器人的啟動。

從外觀看，搾乳機器人像是個全自動無人搾乳室。當乳牛脹奶，牠自行進入這套系統，有自動手臂清洗乳頭、套乳杯、搾乳等流程，系統還能監測牛奶品質，以及乳牛的健康狀況，讓牧場管理完全進入另一個層次。

一般牧場一天會幫乳牛擠兩次奶，如果沒有及時擠奶，牛會不舒服，還可能因為乳腺阻塞，導致乳房發炎。因此，時間到了，就要為乳牛搾乳，向來是牧場不變的鐵則。

此外，人工擠乳時，必須把乳牛趕到擠乳區，難免會讓乳牛感到壓迫，相較之下，擠乳機器人是讓乳牛自發性走進來，牠們可以比較沒有壓力的決定自己擠乳的時間，泌乳量高的牛隻一天會進去超過三次，舒緩漲奶的不適。有了這套系統，酪農可以從擠乳工作中解放出來，有更多時間休息、跟家人相處，或是投入其他改善牧場的事務中。

擠乳機器人是酪農心中夢幻級的設備，當然也要價不菲，每台約六、七百萬，加上場地整建、例行保養，成本上千萬，對牧場是很可觀的投資，因此，全台使用擠乳機器人的牧場，不到百分之一。

豐樂牧場主人蕭常禎很大手筆，一口氣就進口了四台。事前籌劃近兩年，原本預計二〇二一年五月底啟動，因為疫情爆發，國外原廠工程師不克來台，只能線上指導，啟動日延到了六月中旬。

這是豐樂牧場的大事，除了家族成員全數到齊，台灣代理商工程師、獸醫也在現場，見證牧場第一隻乳牛進入擠乳機器人的歷史性畫面。

乳牛是慣性動物，每天所吃的食物、移動的路線，都不習慣被改變。牧場設置了擠乳機器人後，牧場工作人員還得全天候輪班，確認乳牛們能夠適應新的搾乳方式，脹奶時自動自發走進搾乳機器人。

豐樂牧場是鮮乳坊合作的第一個牧場，在很多方面都是標竿，乳牛數最多，乳量最大，如今又坐擁四部搾乳機器人，放眼全台灣的牧場，絕對是名列前茅的資優生。

這一切，開始於三十年前的三十九頭牛。

人若瘦，牛就勇

黃家有三兄弟，黃常禎排行老二，大家都喚他「二哥」。

家裡原本務農，由於福興近海，不利耕作，收入不好，黃常禎從小飽嘗貧困的滋味。求學時期，每逢午餐時刻，他總是羞於打開便當，因為裡頭只有白飯和醃梅子，讓他在同學面前抬不起頭來。

貧困沒有打倒黃常禎，反而激發他想要翻轉人生的動力。放學後他就去鄰近工廠打工賺錢，另一方面，他也很節省，盡可能把每一分錢都存下來。

黃常禎不愛讀書，也知道自己不是讀書的料，一心只想著趕緊出社會賺錢。當時政府在福興一帶推廣酪農業，黃常禎的姑姑和大伯都在養牛，家中因為務農，曾養過黃牛耕田，黃常禎對牛這種動物，也頗有感情，正巧聽到附近有牛場出售，他跟母親商量後，靠著母親的存款，再加上貸款，開始了養牛事業。那一年，黃常禎才二十歲。

「讀冊卡輸人，嘸就來養牛（讀書讀不過人就只好來養牛）！」他自嘲。

事實上，養牛的經濟效應並不差。到工廠上班，薪水有天花板；養牛是一個事業，如果經營得好，頭數慢慢增加，累積到一個程度，就有規模經濟的紅利，對於亟思脫貧的黃常禎，是很好的選擇。

即使家中曾養過黃牛，養乳牛又是另一門學問。不論是種草、搾乳、配種、牛舍規劃，每一項都得從頭學習。家族有長輩也養牛，可以請教他們，然而，牛養得好不好，最終還是看你投入多少心血在牛身上。黃常禎幾乎全天待在牛舍中，觀察乳牛每天的作息，日復一日，他在心中為每隻牛建檔，只要瞧一眼花色，牛隻的健康狀況、乳量，他都能瞭若指掌。

因為請不起工人，牧場工作主要由黃常禎自己一肩扛。他種狼尾草做為乳牛的草料；他晨起搾乳、洗牛舍；他親自為乳牛配種、助產，將小牛養大，繼續繁衍下一代。「人若瘦，牛就勇」是黃常禎的養牛哲學，他燃燒生命，換來牧場的蒸蒸日上。

黃常禎有創業家的膽識。他很少考慮時機、景氣，只要能籌到錢，他就投資牧場。當然，他也曾經因為自己的大膽，狠狠摔過一跤。

他創業以來，也有遇過重大的挫折，有一次他購買新牛時太大意，買進了一批沒有被檢驗出疾病的牛，發現後必須全部淘汰，損失了兩千多萬。那一次投資失利，是很大的衝擊。黃常禎覺得心力交瘁，看不到明天在哪裡。即使如此，他沒有想過要放棄。他坦然接受投資失利的事實，繼續每天的養牛工作。

因為，牧場已不是他一個人的事，而是整個家族的事。

兄弟齊心，牧場升級

黃常禎有個弟弟，叫作黃彬滕，還在念書時，課餘就在牧場幫忙，退伍後，正式回來養牛。

黃彬滕比黃常禎早半年結婚，另一半陳奕帆是本地農村人。他們透過相親認識，約兩個月就成婚。婚後自然也在牧場工作。

黃常禎的太太禹佳伶原本在知名科技大廠工作，她室友的先生是黃常禎的朋友，因為跟著來牧場玩，結識了黃常禎，交往了約兩年，也嫁了進來。加上之前就回來的大哥一家，等於有三個家庭參與牧場工作。

人多，意見也跟著多。黃常禎善於養牛，卻拙於人的管理，牧場存在著分工混亂、溝通不良的問題。禹佳伶小黃常禎九歲，嫁進黃家時才二十一歲，是年紀最輕的媳婦，她看不慣牧場的工作氣氛，主動要求召開家庭會議。她自帶氣場，對事不對人，話說得有理，大家也只能點頭稱是。經她登高一呼，牧場的氣氛有了改善，運作更上軌道。

大哥一家分場後，牧場回到兩個家庭的分工。黃彬滕專職擠乳，禹佳伶、陳奕帆打點牧場的各項雜務，黃常禎則逐漸從第一線工作退下來，養牛擠乳的時間少了，更多心力投入牧場未來的規劃上。

台灣地狹人稠，因為空間有限，不易發展大型牧場，多數牧場通常維持在兩、三百隻的規模。黃常禎是有企圖心的酪農戶，隨著乳牛數目持續成長，他研究國外現代化設備，用心打造乳牛可以舒適生活的環境。擔心水泥地太硬，他砸重金為乳牛添購水床，柔軟又能散熱；為了環境衛生，他裝置刮糞機，一天可以數次清理牛糞；還有按摩刷背機為乳牛搔癢，並發揮安撫情緒的功能。

黃常禎（後排右）、黃彬滕（後排左）兄弟共同經營豐樂牧場，牽手禹佳伶（前排右）、陳奕帆（前排左）是他們最得力的後援。

為了提高小牛的育成率，黃常禎打造了全台唯一的負壓小牛舍。這是小牛的「育嬰室」，裝置了溫控系統，隨時監控牛舍內的溫度，異常時會提出警示，減少溫度變化幅度；七部負壓抽風機負責讓內部空氣流通，並降低細菌、病毒、灰塵的數量；剛出生的小牛，對環境很敏感，特別怕冷，牛舍裡準備了保溫的燈罩、吸濕的墊料。種種貼心呵護，讓牧場有著近百分之百的小牛育成率。

黃常禎有如「鋼鐵人」，熱中擁抱各種科技設備。然而，不論設備多先進，回歸原點，就是要把牛養好。他很早就開始實踐「動物福利」，不只是因為跟牛朝夕相處的情懷，還有牧場經營的務實眼光。讓牛感到舒適，心情好，胃口就好，吃得多又吃得好，乳量高，乳質也好。因此，牛好，牧場就好。黃常禎把「對牛好」做到極致，所以才能打造出牧場現在的規模。

經營牧場多年，黃常禎很清楚產業存在的各種問題：大型乳品公司壟斷市場，齊頭平等式收購機制，牧場即使提供較好的生乳品質，並無法獲得相對合理的收購價格，願意投入資源在飼養管理的酪農必須承受龐大的成本負擔，產業無法Ⅱ級，便很難吸引年輕人才加入……。

自家牧場已成規模，要維持下去，沒有太大問題。然而，黃常禎仍期待

黃常禎兄弟引進科技化設備不手軟，從柔軟的散熱水床（上）、按摩刷背機（中），到四台造價超過千萬的擠乳機器人（下），都能讓乳牛過得舒適。

產業有所改變，至少在產銷制度上，可以出現不同的做法，讓用心經營的牧場，有機會出頭天。

某天，一位熟識的年輕獸醫向他提出了一個大膽的想法——他要成立一家以幫助酪農為宗旨的鮮乳公司，名稱叫作鮮乳坊。

接受媒體採訪時，龔建嘉常被問到：「你怎麼說服第一個牧場把牛奶交給鮮乳坊？」這不是個容易回答的問題，因為龔建嘉自己都覺得不可思議。

還在就讀中興大學獸醫系時，因為跟著學校出診團隊到牧場，龔建嘉認識了黃常禎，算是他結緣最久的酪農。當鮮乳坊需要找牧場合作時，當然就想到了黃常禎。

當時，鮮乳坊除了龔建嘉這位獸醫，什麼都沒有。要把自己牧場的牛奶、品牌，交給名不見經傳的鮮乳坊，需要很大的膽識。牧場是家族事業，黃常禎也需要獲得家人的認同。

「如果我是酪農，我不覺得自己有那個勇氣，」龔建嘉坦言。然而，黃常禎沒什麼猶豫，直爽回覆：「好啊，那我們來試試看。」

經過討論，黃常禎將牧場名稱正式取為「豐樂」，即「Home Love」，傳達了黃常禎守護牧場如守護家人的心情。

豐樂鮮乳是走大瓶裝規格，一開始出貨，是根據群眾集資的名單進行宅配。為了滿足每日最低兩噸的生乳製造量門檻，負責開發的郭哲佑也積極拓展其他通路。超級市場是消費者採購鮮奶重要的通路，抱著「擒賊先擒王」的原則，郭哲佑帶著龔建嘉拜訪了具指標性的微風超市，窗口是日本人，因為語言不通，他們只能頻頻點頭，以誠意獲得了投石問路的機會。

鮮乳坊在微風超市辦試喝，同時也跟消費者介紹產地、牧場，第一週就賣了五、六百瓶，是微風超市當週賣得最好的鮮奶品牌。搶下了灘頭堡後，豐樂鮮乳在Jasons Market Place、主婦聯盟等通路陸續上架，二〇二〇年夏天，更走進了連鎖超市龍頭全聯福利中心。

短短幾年，鮮乳坊能夠在各大通路建立據點，除了革命訴求奏效，鮮奶品質還是最後的決勝點，而豐樂鮮乳就是鮮乳坊迅速在市場站穩腳步的祕密武器。

勇於挑戰，不斷超越自我

鮮乳坊跟豐樂牧場的合作，初期是以收購生乳、共同經營品牌為主。之後，牧場經營規劃師韓宗諭加入鮮乳坊，他導入企業管理精神，協助牧場改善問題，建構出跟牧場規模相符的管理機制。

豐樂牧場是鮮乳坊第一個合作的牧場，也始終是鮮乳坊合作牧場中產乳量最大的牧場，豐沛的產量提供鮮乳坊研發更多新產品的空間。

龔建嘉分析，在很多人眼中，鮮奶屬於比較低階的農產品，只要便宜就好。鮮乳坊希望喚起消費者對鮮奶品質的重視，甚至重塑鮮奶的形象，從平凡無奇的日常飲品，變身為頂級農產品。

「天然食品機能化」或許是為鮮奶提升價值的魔法。鮮奶原本就是一種營養品，朝保健這個方向走，可說是順水推舟。然而，龔建嘉並不想做市面上常見的、有著繁複化學加工的保健食品。他的理想是魚與熊掌兼得，既有保健效果，又能保持農產品的天然本質。

看似異想天開的點子，卻在豐樂牧場開發的「A2β酪蛋白鮮乳」中，獲得了完美的實踐。

牛奶中的蛋白質，八〇％為酪蛋白，其餘為乳清蛋白。酪蛋白中，又混合了A1β酪蛋白和A2β酪蛋白。A1β酪蛋白為人體消化後，會產生「β酪啡肽7（BCM-7）」，可能造成過敏、腸胃不適等症狀，或許是某些消費者無法喝鮮奶的原因；至於A2β酪蛋白，則更接近人類母乳中的酪蛋白結構，比較不會刺激腸胃道，也更容易為人體所吸收。

基因決定了乳牛產出何種酪蛋白鮮乳。A1乳牛產出混合A1β、A2β酪蛋白的牛奶，A2乳牛則能產出只含A2β酪蛋白的牛奶。

二〇〇四年，澳洲率先推出A2β酪蛋白鮮乳，之後又有紐西蘭乳品公司跟進。台灣則一直沒有牧場生產A2β酪蛋白鮮乳，理由很簡單——因為太麻煩。

首先，必須先透過基因檢驗，找出基因純正的A2乳牛，然後進行繁殖。由於台灣沒有相關的檢驗單位，所有的檢體都得送到國外檢驗，就是一筆不小的成本。

一隻A2小牛從出生到成熟泌乳，需時三年，為了避免跟A1乳牛混雜，必須分群飼養。A2β酪蛋白鮮乳自成獨立生產線，送乳的管線、貯存生乳的桶槽都不能混用，而且之後仍然得定期為乳牛進行基因檢驗，才能確保產出的是真正的A2β酪蛋白鮮乳。

爽字不足以形容的成就感

打造A2β酪蛋白鮮乳生產線是個大工程，台灣很少有牧場願意嘗試，而黃常禎向來勇於超越自我。當他得知，國外育種專家可以透過基因篩選，生產A2β酪蛋白鮮乳，他也躍躍欲試，而平時不太主動發言的黃彬滕，也表示贊同：「讓想喝卻不能喝牛奶的人，有機會喝到牛奶，是件很有意義的事情！」

於是他們砸下重金，從A2基因配種，母牛懷孕十個月，產下小牛，等牠長大、懷孕，生產完後開始泌乳，用了三年的時間，才誕生台灣第一瓶自產的$A_2\beta$酪蛋白鮮乳。

黃常禎平時內斂低調，當他終於把$A_2\beta$酪蛋白鮮乳做出來，也難掩內心的興奮：「爽字還不足以形容！」這款鮮乳是豐樂牧場送給台灣消費者的禮物：「真心希望，更多原本不能喝鮮奶的消費者，能夠因為$A_2\beta$鮮奶的攝取，得到更全面性的營養需求。」

鮮乳坊找來知名設計師方序中，和米其林二星主廚江振誠合作，負責這款$A_2\beta$酪蛋白鮮乳的包裝設計。沒有常見的乳牛圖案，而是以粉色圓點象徵單一乳源（白底），延伸出乳色的水滴色塊（湖水藍底），強調$A_2\beta$酪蛋白鮮乳的「純粹」特質。

由於$A_2\beta$酪蛋白鮮乳的乳源得來不易，生產成本高，售價也比原來的豐樂鮮乳高。二〇二〇年四月，鮮乳坊在集資平台「嘖嘖」為$A_2\beta$酪蛋白鮮乳進行群眾集資，目標金額是一百二十萬，最後募到了近七百五十萬，除了讓這款新產品可以穩定生產，也打響了知名度。

養牛是古老的行業，而黃常禎為這個行業加裝了噴射引擎。他積極研究國內、外最新的技術、設備，勇於投資和嘗試。他落實動物福利，致力於生產高品質的鮮乳，跟鮮乳坊的理念無縫接軌。黃常禎成為龔建嘉第一個牧場盟友，不是沒有道理，他們的合作，像是「鋼鐵人」遇上「蝙蝠俠」，守護產業是他們共同的目標。

Chapter 12

為老字號注入新活水：嘉明牧場

黎明即起，著裝，清除前一天的草料，洗牛舍，開始進行當天的第一次擠奶，這是嘉明牧場主人陳昭嘉開始一天的方式。

把擠完奶的乳牛送去休息，然後把剛剛預留的生乳餵小牛喝奶。晨間工作告一段落，牛舍外，陽光已十分耀眼。八點鐘，巡場獸醫抵達，逐一為乳牛直腸觸診，陳昭嘉也跟隨在旁，仔細記錄牛隻的健康狀況。接下來，他還有一些牧場的雜事要做，有幾個電話要打。

在牧場，人的作息是跟著牛的作息。擠奶、進食、休息三部曲，一天會循環兩次。乳牛休息時，陳昭嘉也稍微喘口氣。下午兩點之後，開始第二次擠奶。不知不覺中，長日將盡。擠完奶後，陳昭嘉仍留在牛舍觀察牛隻，若有發情的跡象，就要立刻準備配種，如果快要分娩了，代表半夜將有接生的任務，必須進入備戰狀態。

從睜開眼，到上床休息，陳昭嘉的一天幾乎都耗在牛棚中，按表操課，日復一日。

位於雲林崙背區的嘉明牧場，是台灣最早的酪農戶之一。陳昭嘉是第二代，自認「生來就是要養牛」的他，退伍之後接手牧場工作，他不僅繼承家業，更把養牛這門技藝發揚光大。

陳昭嘉積極向畜試所老師們學習，並大膽投資各種自動化設備，包含了全崙背第一台ＴＭＲ車（可以把牛的食物混合均勻）、可以電腦連線的搾乳機、自動推草機等，在相對保守的酪農產業中，他的每一步突破，都備受關注。

每一天，陳昭嘉跟牛互動的時間，比人還要多。他觀察、記錄、分析，從牛隻日常及泌乳數值，檢視乳牛的健康狀況，隨時依照牛隻不同的狀況，調整飼養管理的方式，提高每頭牛的產能與乳品質，將牛隻的罹病率及廢棄奶量減少到最低。為了降低母牛難產率，他還自行研發出獨門的助產祕訣，連獸醫都還得向他學習。

「要嘛不做，要嘛就要做到最好！」是陳昭嘉對自己的期許。

牧場工作，早起晚睡，全年無休，非常需要體力，也極其消耗心力。為了養好牛，只能將自己完全奉獻其中。一路走來，除了自己，陳昭嘉還有位賢內助，兩人胼手胝足，將嘉明牧場打造成在地乳量、乳品質都名列前茅的牧場。

然而，長年積勞成疾，對健康造成很大的傷害。陳昭嘉體恤妻子的辛苦，而自己立下的退休門檻，就是養牛三十年、產乳量五噸，如今都已達標。大半生都投入養牛事業中，即使心有不捨，陳昭嘉知道，是該好好休息的時候了。

二〇一九年五月一日，嘉明牧場的第一萬四千六百三十五天。一如過往，他清晨出現在牛舍，完成一天的工作，直到夜幕低垂，他才緩緩離開，與牛為伍的牛涯，畫上了句點。

從明天開始，嘉明牧場將交由新的團隊經營。

大品牌邀約不斷，他獨鍾鮮乳坊

嘉明牧場地處崙背酪農區，附近有好幾十家酪農戶。多數的牧場都是將生乳交給同一家乳品公司，聲息相通，酪農戶對彼此的交乳量都有概念。

養牛資歷40年的陳昭嘉（左）和賢內助廖素妹（右），早起晚睡，全年無休，養出崙背酪農區難以望其項背的標竿。

在那一帶，大家都知道嘉明牧場牛養得好，由於陳昭嘉一向作風低調，又顯得特別神祕。

繼豐樂牧場之後，龔建嘉持續尋找第二個合作牧場，而他選擇牧場的指標很清楚，就是只跟好牧場合作。他從「春穀」時期，就在當地服務，對嘉明牧場的風評早有耳聞，後來又有機會為嘉明牧場提供獸醫服務，便主動出擊，詢問陳昭嘉是否願意跟鮮乳坊合作，並簡單說明了合作的條件。

當下，陳昭嘉保持一貫話少的作風，並沒有給龔建嘉任何答覆。

龔建嘉知道，更換乳品公司是牧場的大事，通常得花很多時間討論，才能定案。而且，鮮乳坊當時成立不久，規模也小，對於能否合作，龔建嘉其實沒有信心。

然而，就在下一次龔建嘉去「摸牛」時，陳昭嘉主動問他說：「你上次提的事，我有興趣，那要怎麼做？」兩人很快把合作條件確認過一遍，就把事情談定了。

龔建嘉後來才知道，二〇一四年食安風暴後，乳品公司版塊位移，幾家大型牛奶公司都曾積極叩門，希望能將嘉明牧場納入旗下，陳昭嘉都沒有點頭。或許是龔建嘉的獸醫服務贏得他的信賴，或許是他認為產業需要有所改變，陳昭嘉決定把機會給了剛起步的鮮乳坊。

「因為嘉明牧場的加入，鮮乳坊真正開始有了乳品公司的規模，而且，也從原本的彰化，版圖拓展到了雲林，算是一個里程碑，」龔建嘉說。

知名設計師神助攻，進軍大眾市場

由於跟豐樂牧場合作的是大瓶裝的鮮乳，鮮乳坊想以嘉明牧場做為「隨手小瓶裝」的試金石。不過，要獨立包下另一個牧場的乳量，滿足工廠產線兩噸起跳的最低製造量，對於才剛成立一年的鮮乳坊，有點難以負荷。於是，龔建嘉又展開了第二次群眾集資，兩個月內成功達到預購十三萬罐的門檻。

集資成功只是認養牧場的敲門磚，之後還必須找到配合的通路，才能穩定生產。小瓶裝鮮乳最適合的通路，就是超商，然而，新品牌要進軍超商並不容易，通常一開始就被擋在採購那一關。後來是負責業務開發的郭哲佑，主動向全家超商會長潘進丁毛遂自薦，才爭取跟全家提案的機會。

先前牧場認養的集資專案，等於是為嘉明鮮乳進行了第一波的行銷，預購十三萬罐的成績，讓全家看到了商品的潛力，決定支持嘉明鮮乳上市。

嘉明鮮奶未上市先轟動，在集資階段就蔚為話題，知名設計師聶永真操刀的瓶身包裝，有很大的加分。

圓弧瓶身，白底，一條細線居中區隔，上面標明著「嘉明鮮乳」、「鮮乳坊」、「獸醫把關」、「小農直送」，下面則是「來自雲林崙背」、「一〇〇％生乳使用」，搭配著黑色的乳牛斑點。資訊量不少，卻不凌亂，一目了然。有別過往鮮乳包裝，不脫乳牛、牧場等圖像的框架，聶永真簡單、清爽的設計風格，彷彿在瓶身上寫詩，不但獨樹一幟，也呼應了嘉明鮮乳清甜爽口的特質。

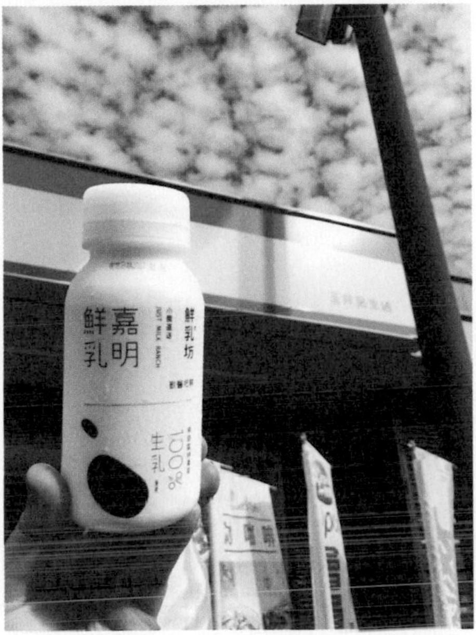

聶永真操刀的「嘉明鮮乳」瓶身設計，讓消費者耳目一新，後來更受到各大乳、飲品公司爭相仿效。

鮮乳坊會找上聶永真合作，有個有趣的契機。某天，聶永真在臉書上貼出了他為某款濕紙巾所做的設計，提到自己的極簡風格過不了業務銷售那一關。龔建嘉有朋友轉貼了這篇貼文。這款濕紙巾包裝設計是黑白色調，龔建嘉覺得跟乳牛有點相似，便主動傳訊息給聶永真，簡單介紹了自己和鮮乳坊，想請教他對於牛奶包裝的想法。

聶永真約了龔建嘉見面，龔建嘉提到了嘉明牧場的認養集資，聶永真問他：「我可以怎麼幫忙？」就在龔建嘉的邀請下，聶永真接下了嘉明鮮乳的包裝設計。

龔建嘉對設計圈不熟，並不清楚聶永真在業界的地位，正因為「初生之犢不怕虎」的勇氣，促成了鮮乳坊跟「大神級」的設計師合作。

設計過程中，還有個插曲。嘉明牧場原本的名稱是「嘉銘牧場」，陳昭嘉說：「這個名字是我父親取的。從我和我大兒子羿銘的名字中，各取一字組合而成。」對一家人來說意義非凡。聶永真從視覺設計的角度，認為「明」看起來比較輕盈明亮，更能符合牧場的形象，建議改為「嘉明牧場」。

龔建嘉知道，要牧場改名，此舉非同小可，更不要說，名稱原本就有特殊意義。他鼓起勇氣，向陳昭嘉提及此事，陳昭嘉心態很開明，二話不說，就答應了。

從「嘉銘」到「嘉明」，一字之差，彷彿更為牧場的形象，打上了一道光。簡單乾淨的設計，讓嘉明鮮乳有了辨識度，在市場上找到定位。

二〇一六年，集資認養成功後，鮮乳坊跟嘉明牧場一直保持良好的合作關係。直到二〇一九年，陳昭嘉向龔建嘉透露退休的念頭，由於下一代並沒有意願接手，牧場不是關閉，就是轉讓他人。

龔建嘉不忍看到，用心經營四十多年的牧場走入歷史。於是，他大膽做了一個決定，找來一支年輕的團隊來承接嘉明牧場的經營，領軍者則是長期合作的營養師韓宗諭。

交棒新血，為產業帶來希望

平時總是穿著牛仔吊帶褲的韓宗諭，帶著幾分「牧場男孩」的氣質，是名乳牛營養師，也是牧場管理規劃師。他是高雄人，因為對動物感興趣，大學念的是中興大學動物科學系（前身為畜牧系），後來還念了同系的研究所。牧場動物中，他對乳牛情有獨鍾：「我覺得乳牛是有靈性的動物，而且跟人類的關係也比較深厚。」

畢業後，他在當時最大的乳品公司擔任儲備幹部，不論是乳牛的營養、

韓宗諭（右）領軍的團隊，除了把牛養好，更希望能改善牧場工作環境，吸引更多年輕人加入酪農業。

牧場的管理，他都有涉獵，一待就是七年，最後當到了日糧營養部的主管，地位類似總配方師。

就像是人類生產前後，都需要特別的營養照顧，乳牛也是一樣。乳牛吃得營養，健康狀況良好，乳量、乳品質都會提高。而乳牛每個階段所需要的營養，就是從配方去調整。

雖然當到總配方師，韓宗諭更想往牧場經營去發展，於是他被邀請到另一家乳品公司，原本有機會負責新牧場的營運，後來發現跟預期有出入，就轉型為獨立顧問。他找來學弟、學妹組織團隊，為不同的牧場提供服務。

龔建嘉是韓宗諭前東家牧場的獸醫，兩人結緣後，因為理念相近，都希望酪農可以把牛養得更好，龔建嘉便借重韓宗諭的專業，協助鮮乳坊合作牧場的第一線管理。

包括了豐樂牧場、幸運兒牧場、許慶良牧場，都在韓宗諭的輔導下，乳牛的健康狀況和乳產量，表現更上一層樓。當嘉明牧場需要找新的經營團隊，龔建嘉第一個想到的人選，當然就是韓宗諭。

接手嘉明牧場後，韓宗諭做了不少硬體的改變，像是擴建了小牛飼養區、增加搾乳區的空間，乳牛休息的軟墊全面換新，並裝置了大型風扇，改善牛舍的通風。比較棘手的是，牧場原先的格局動線不佳，各種例行工作都得花更長的時間去完成，拉長了現場人員的工時。

而勞工的權益，又是他很重視的一環。

嘉明牧場的現場人員約有十一位，夥伴宿舍就在牧場附近。這天早上，晨間工作告一段落，眾人聚集在宿舍的公共空間開會。

當天會議的討論重點是工時問題。主持會議的韓宗諭請大家提出意見，如何透過人力的配置，提升作業的效率。

現場的發言，並不是太踴躍，韓宗諭的表情顯得有點嚴肅。「我希望大家能多思考，如何有效降低工時，夥伴過勞並不是我們樂見的狀況，」他語重心長的說。

牧場走向企業化經營

台灣的牧場多數是家族經營，酪農是校長兼撞鐘，從早工作到晚，全年無休，就算是聘請員工，通常也期待他們跟自己一樣，完全投入，長時間工作。由於牧場工作太辛苦，年輕人參與的意願很低。

韓宗諭的想法不同，他把公司管理的思維，帶進牧場的營運。為了讓夥伴可以正常休息，嘉明牧場的人力，比同規模的牧場要多出許多。他還規劃了升遷制度，幫助夥伴做生涯規劃。韓宗諭會跟夥伴做一對一的面談，聆聽他們對牧場工作的想法。讓更多年輕人願意扎根在牧場中，台灣的酪農業才有未來。

嘉明牧場由陳昭嘉父親創立，在他手上發揚光大，成為飼養乳牛的標竿，如今，交棒在韓宗諭和年輕團隊手上，除了繼續把牛養好，第一線人力也要獲得善待，建立新一代牧場經營的典範，為這個老字號的牧場，注入永續發展的新活水。

Chapter 13

做得比牛還像牛：幸運兒牧場

幸運兒牧場主人陳界全和妻子吳碧莉，站在門前的空地上。他們在苗圃訂購的樹苗剛送到，有圓柏、紫檀、桂花等。店家很慷慨，整車的植栽，連賣帶送，只收他們一萬多元。

三年前，牧場搬到現址。他們把牛放在第一順位，先把牛舍蓋好，一家人則住在旁邊臨時的鐵皮屋裡。牧場上軌道了，他們行有餘力，才開始蓋新家、美化環境，著手建構理想的家園。

這對夫妻是冷與熱、靜與動的組合，陳界全話少、內斂，不輕易發言，但是一開口就能命中要害；吳碧莉熱情、風趣，隨時都能打開話匣子，侃侃而談。雖然有反差，兩個人同樣帶給人溫暖、真誠的感受。

他們原本就是同一個村子的人，一個住村子頭，一個住村子尾，陳界全還是吳碧莉哥哥的同學，不過，年少時並沒有特別的交集。兩人後來都到外地求學，陳界全在台北念工科，吳碧莉在台中念商，畢業後都留在當地工作。家中長輩安排未婚的兩人相親，約了兩次會，雙方的父母直接拍板婚事，兩人也沒異議，三個月內就完成訂婚和結婚。婚後，吳碧莉跟著另一半落腳台北，體質敏感的她，對於台北的潮濕、悶熱、高物價生活，一直不太適應，很想遷居台中，但是陳界全不願意。

後來，吳碧莉懷了大女兒玉卉，因為醫師告知有胎盤鈣化，恐有早產危機，陳界全安排她返回雲林待產。沒幾天，陳界全也打包返鄉，吳碧莉才知道他已經辭去工作、退掉租屋，不打算留在台北了。

夫妻倆在雲林展開新生活。陳界全家裡有田地，種西瓜和香瓜，吳碧莉一開始也跟著在田裡工作。有一天，她在田裡不支昏倒，由於四下無人，後來還是自己甦醒過來。她自忖不適合下田，跟陳界全商量改做別的。在地農家有人養雞，有人養豬，但是陳界全對味道敏感，全都否決了，吳碧莉建議：「不如我們來養牛。」

兩人對養牛一無所知。所幸吳碧莉有個表哥許慶良在養牛，便登門請教。許慶良夫婦勸他們要三思，養牛辛苦，日夜操勞，沒有休閒娛樂，就算賺了錢，也沒時間花錢，言下之意就是「別跳火坑」。

吳碧莉不但沒有打退堂鼓，甚至對養牛還更感興趣：「能賺錢，又沒時間花錢，不就可以好好存錢，哪有比養牛更好的行業？」考慮了幾天，陳界全夫婦來找許慶良，表示還是想養牛。

許慶良看他們意志堅定，便把買牛、養牛相關的人脈資源，傾囊相授。他自謙能力有限，引薦陳界全夫婦去找在地一位更資深的養牛專家戴文雄。

走上養牛的路，義無反顧

當時陳界全三十歲，吳碧莉二十八歲，他們並非繼承家業，而是要從零開始養牛，戴文雄認為他們吃不了苦，一定會半途而廢，一開始也給了他們軟釘子碰。陳界全夫婦採取三顧茅廬的策略，一再上門，陪戴文雄聊天，聊了幾次，戴文雄感受到他們誠意，才鬆口願意幫忙。

這對夫婦在養牛這條路上，遇到了很多貴人，許慶良幫他們跨出第一步，戴文雄引導他們走在正確的方向上。從牛舍要怎麼搭建、要買什麼機器，到牛出現異常時該怎麼處置，都有戴文雄在背後指點。一個剛冒出來、沒什麼名氣的新牧場，要找到乳品公司收乳，並不容易，也是靠著戴文雄穿針引線，他們得以跟最大的乳品公司合作。

在戴文雄的指導下，陳界全開始蓋牛舍。比起一般牧場低矮的牛舍，戴文雄幫他們考量了未來的發展性，蓋出來的牛舍挑高又寬敞。在蓋牛舍的同時，透過許慶良友人吳定輝的介紹，陳界全買了三十七隻未懷孕的女牛，先寄放在牛商那邊，他每天一早先趕過去餵牛，餵完再趕回來蓋牛舍，三個月後牛舍完工，把牛趕回來，牧場才正式成形。

陳界全夫婦是白手起家的酪農戶，雖然一路都有貴人相助，最後還是得靠自己的雙手來養牛。有了牧場後，老二陳品至、老三陳芊卉又接連出生，要養牛又得帶孩子，對他們是不小的考驗。慶幸的是，雙方的家長都很支持他們。陳界全的父母忙完田裡的事，會幫忙看孩子；吳碧莉的父母晚上幫忙顧牛舍，避免牛被偷走。經營牧場不只是陳界全夫婦的事，也是兩個家族的事。

兩年半後，陳界全的弟弟也進來一起養牛，牧場多了人手，經營也更能上軌道。

當年，戴文雄曾經提醒過這對養牛新手：「當你做得比牛還像牛，你就成功了。」多年來，陳界全夫婦一直謹記著這句話。

陳界全（右一）、吳碧莉（右二）的三個孩子從小
跟著乳牛一起長大，如今都是傑出的牧場職人。

一開始，他們不知道養牛有多難，以為只要餵牛、擠乳，乳品公司來收乳，錢就會一直流進荷包。直到有一次，他們在許慶良牧場看到了母牛發生少見的子宮脫垂，場面十分嚇人，如果沒有請獸醫馬上前來矯正，母牛就會失血過多死亡，陳界全夫婦才體會養牛會遇到多少狀況。

乳牛必須經過懷孕、分娩，才會泌乳。從懷孕到順利產下小牛那一刻，母牛可能流產、難產，小牛可能夭折，每一種狀況發生，都代表牧場得經歷一次的危機處理。

有一年的除夕夜，牧場有母牛難產了，陳界全趕緊找獸醫來處理，都還來不及喘口氣，另一隻母牛也難產了，又得急電獸醫出診。整個除夕夜就在忙亂中度過。

陳界全話少，表情不多，卻是很有主見的人。當他決定把事情做好，就是義無反顧，沒有保留餘地。他們小心翼翼照顧每一頭牛，沒有假期，沒有娛樂，甚至在親友的婚慶中缺席，因為牧場對他們就是這麼重要。

他們所養的牛，牛奶一直有很好的品質。牛奶體細胞數，是檢視乳牛健康與鮮奶品質的重要指標之一。體細胞數愈少，代表乳牛愈健康，鮮奶品質愈好。市售的Λ級鮮奶，體細胞的標準是三十萬，他們的牛奶，體細胞經常是在二十萬以下，甚至還曾低於十萬。

然而，酪農牛養得再好，由乳品公司掌控的產銷體制，仍是無法動搖的鐵板一塊。齊頭式平等的收乳方式，酪農的用心無法獲得應有的回饋。當牛奶盛產時，乳品公司減量收購，就是所謂的「限奶」，多出的剩餘奶，酪農如果不是忍痛倒掉，乳品公司提供另一種解決方案，就是協助製作成保久奶，但是酪農必須自己出錢，並自尋管道消化。

陳界全夫婦不忍看到自家牛奶盡付流水，就自掏腰包製作保久奶，勉強透過以前認識的零售通路幫忙銷貨，但是也只能維持不賺不賠。

他們還遇過有小型乳品公司出來收購剩餘奶，結果對方收了奶卻不給錢，陳界全跟著其他受害的酪農戶前去討公道，當事人神隱不露面，他太太居然還出來給這群酪農「洗臉」：「啊呀，這個社會是怎麼了，有錢就有人格，沒錢就沒尊嚴。」

養牛二十多年，陳界全夫婦看透了酪農在整個產業中的處境。酪農基本上都是莊稼人性格，即使長期面對不公平的對待，不到忍無可忍，通常還是選擇安於現狀，不會輕易改變。

二〇一四年某集團爆發了黑心油事件，旗下知名牛奶公司遭到消費者抵制，為平靜的酪農界掀起波瀾。

很多酪農長期跟該公司配合，大家開始擔心，在銷售重創下，廠商會不會又採取「限奶」做為因應之道。雖然在這波抵制中，該大廠並沒有改變收乳政策，但是，對限奶的不安，加上自家生乳受到品牌連累，導致消費者的不信任，也讓酪農感到難過。此時有其他乳品公司伺機來詢問合作意願，陸續有酪農契約期滿後，選擇換別的廠商合作，陳界全和弟弟共同經營的牧場，也是其中之一。

不過，換了新的合作對象，合作模式沒什麼改變，還是酪農產奶，廠商來收奶，消費者只知道鮮乳品牌，對背後的生產者，仍然一無所知。

向不公平的產銷制度說「不」

吳碧莉對於那名高高瘦瘦的年輕人，第一印象很不錯。

「春穀」的老闆帶著他一起登門拜訪，介紹他是台大獸醫研究所畢業。吳碧莉觀察這個叫作龔建嘉的年輕人，學歷亮眼，卻不愛現，坐下來只是靜靜聆聽，有個特質她很欣賞，就是「不插嘴」。

當她知道龔建嘉自立門戶，成為獨立的巡場獸醫，就開始找他合作。吳碧莉的想法是，牧場未來會由兒子接班，原本合作多年的獸醫，算是兒子的父執輩，兩人的溝通一定會有世代的差距，讓年紀比較相近的龔建嘉來跟兒子合作，也是一種傳承的規劃。

陳界全夫婦一直默默觀察著龔建嘉，看他從一個巡場獸醫，開始創立了鮮乳坊，陸續有豐樂牧場、嘉明牧場加入，而且還做得有聲有色。「這年輕人是玩真的！」他們看待龔建嘉的心情，跟當年戴文雄看待他們，應該有幾分類似。

吳碧莉原本就有成立品牌的念頭，鮮乳坊不只是收奶，也為牧場打造品牌，讓她十分心動，於是就私下問龔建嘉：「你們還在找第三家牧場嗎？」透露出想要合作的意願。

龔建嘉一直很欣賞這對白手起家的夫妻，對於可以進一步合作，當然樂見其成。不過，要談定這件事，吳碧莉還需要幾個人同意——先生、小叔、兒子。

年輕的陳品至認同鮮乳坊的做法，陳界全不出聲就代表贊成，而他弟弟還是習慣傳統的合作模式，認為成立品牌，會造成困擾。對於牧場未來要怎麼走，兩家人已有不同的想法。考慮到弟弟的兒子也大了，可以準備接班，陳界全認為，兄弟合作經營牧場多年，也該是開枝散葉的時候了。

打開知名度，找到職人榮光

於是他申請新的牧場登記證，取名「幸運兒」，跟鮮乳坊展開合作，同時也著手興建新場。二〇一八年三月十八日，陳界全一家搬進了新牧場。搬家當天，鮮乳坊還安排專業的影音團隊，前往現場拍片記錄。鏡頭中，全家人都換上了鵝黃色上衣，笑得很燦爛，陳界全訴說了感謝的心情時，難得感性，還紅了眼眶。

鮮乳坊簽下幸運兒牧場時，連鎖咖啡品牌路易莎正為了找到好的乳品供應夥伴，展開「尋奶計畫」。龔建嘉得知後，便帶著路易莎創辦人黃銘賢與團隊走入牧場，認識酪農產業，並且向他們大力推薦幸運兒鮮乳。幸運兒鮮乳因為生乳品質非常好，風味和口感的表現非常突出，在打發成奶泡時不但發泡性好，奶泡又能維持長時間，不易消退，非常適合搭配咖啡。後來便促成路易莎團隊在鮮乳坊合作的牧場中，主要認養幸運兒牧場。

靠著路易莎可觀的門市數，B2B（以咖啡店為主）一度竄升為鮮乳坊的業務主力，後來才由零售通路趕上。路易莎也因為幸運兒鮮乳的乳脂肪與乳蛋白含量高，奶泡細緻綿密，在門市中全新推出小農奶霜系列商品，增添了和其他連鎖咖啡品牌的差異化。認養幸運兒牧場的緣分，更讓路易莎與農民產生了新的連結，由於合作前期，剛好進入鮮乳銷售淡季，透過路易莎小農日的推廣，帶起了一股支持農民的風潮，讓冬季產量較多的生乳因為熱拿鐵而提高銷量，解決了冬季奶量過剩的問題。

鮮乳坊的牧場團隊也協助幸運兒的牧場管理。牧場管理規劃師韓宗諭觀察，陳界全夫婦屬於緩步前進，但是每一步都很扎實的酪農，團隊只需要幫忙微調，讓牧場的表現更穩定。

有了自己的品牌後，幸運兒牧場也打開了知名度。有媒體前來採訪，鮮乳坊也會辦活動，安排「奶粉」參觀牧場，對於陳界全夫婦，都是很新鮮的經驗。他們不再藏身幕後，而是站出來直接跟消費者對話。他們很重視消費者對自家牛奶的評價，任何一張社群媒體上的分享照片，都會讓他們非常開心。「其實，酪農也是需要成就感的，」吳碧莉幽幽的說。消費者的回饋，也成了他們鞭策自己要做得更好的動力。

她還記得，剛開始回來養牛時，曾有附近的親友當著她的面說：「讀到專科，還不是回來養牛？」吳碧莉聽在耳中，心裡很痛，也只能笑著自嘲：「對啊，我每天都在摸牛屎呢。」

如今，他們找回了酪農的榮耀感，「我們不只是養牛，我們是從事酪農業，很高級的。」

職人精神，繼續發揚光大

晨間的幸運兒牧場，是上緊發條的時鐘，沒有一分鐘可以浪費。

完成了擠乳工作後，牧場第二代陳品至、陳芊卉分別投入不同的任務。哥哥陳品至開著鏟裝機（俗稱山貓）推運草料，妹妹陳芊卉則負責拌草。接下來，陳品至逐一檢查牛隻的健康狀況，剛生產完的牛需要打營養針，牛蹄過度生長的牛，則要削蹄；陳芊卉餵完女牛（尚未生產的母牛），若手上沒有別的事，就去幫忙哥哥。

兄妹倆早上五點半起來，一直忙到九點半，晨間工作告一段落，一家人才能坐下休息、吃早餐。

酪農的孩子，牛是寵物，牧場是遊樂園。陳品至從小看著父親開山貓，自己摸索著也懂得操作，把山貓當玩具，當時他才上幼稚園。稍懂人事後，就開始參與牧場工作，從洗擠乳時使用的毛巾做起。升上國中，比較

「牧二代」陳品至（上）、陳芊卉（下）將所學帶回家中，結合傳承自爸媽的武林絕學，是酪農業閃閃發光的明日之星。

有體力了，就幫忙裝乳杯擠乳。

如今，兄妹倆都已經二十出頭，都是乖巧、懂事的年輕人。從學校畢業後，他們沒有想太多，理所當然就是回家幫忙牧場的事。

陳品至高職念畜產保健，後來去嘉義大學動物科學系念夜間部，在豆漿工廠有了份正職的工作。當時陳界全和弟弟還沒分家，原本在牧場工作的堂哥要去當兵，家裡就找他回來幫忙，他每天嘉義、雲林兩地開車通勤。後來開了幸運兒牧場，他持續投入，也沒動念要找其他的工作。

上一代人養牛，通常就是埋頭苦做，從經驗摸索，像陳品至這樣的「牧二代」，開始重視數據管理。跟鮮乳坊合作的牧場，每個月都會開一次月會，從數據分析中，找出畜舍設備和糧草配方中，需要調整的地方。陳品至受到不少啟發，他入伍服役時，還特別帶著一整年的牧場管理報告，利用空檔閱讀、學習。

配種是牧場的大事，也是「牧二代」必須學好的技術。退伍後，陳品至就跟著父親學配種。技術好的人，配種就是「快、狠、準」，三五分鐘就完成，而且成功率很高。做為配種新手，陳品至有幾個月的撞牆期，花的時間長，成功率不高，不過，經驗累積下，他已經抓到訣竅，愈做愈好。

陳芊卉念的是屏科大農企業管理系，所學比較偏管理層面。畢業後，她還是從基本功練起，接手父親拌草、餵女牛等工作。即使牧場工作從小看到大，自己親手操作，一開始還是有學習曲線，像是開拌草機時，前半個月經常零件故障，所幸哥哥都會幫忙修理。

她曾經到鮮乳坊辦公室實習，參與行政工作，收穫很多。年輕的她，眼中望出去的世界，還充滿各種可能。不論未來的路怎麼走，這個家都會是她堅強的後盾。

家中的孩子，都是陳界全命名，「幸運兒」這三個字，也是他想出來的。他認為，一路走來，都有貴人相助，才有牧場現在的成績，透過「幸運兒」，他表達滿心的感恩。

事實上，他們也是自己的貴人。每一天的牧場工作，他們從未偷懶、鬆懈，做得比牛還像牛，只因為對這個家有承諾，對這個產業有堅持。他們所經營的牧場，充滿了愛與幸福的能量，因此，每一個喝到幸運兒鮮乳的消費者，也都是幸運兒。

Chapter 14

守護父親的名字：許慶良牧場

每個月，鮮乳坊合作的牧場，都會開一次月會，由營養師、牧場管理規劃師韓宗諭負責報告，他將一個月蒐集的資料，整理成報表，他讓數據說話，牧場的營運狀況一目了然。

這天早上，是在許慶良牧場開月會。與會者除了鮮乳坊團隊，還有許慶良一家人，包括了許太太王賴、兒子許東森、許登畯，媳婦辛雅楹、楊宜潔，把客廳擠得十分熱鬧。

雖說是月會，氣氛卻很輕鬆，桌面堆滿了食物，女主人王賴總是在客人不知不覺間，添上一盤水果切片，往空掉的杯子裡倒滿許慶良鮮乳。

養了四十年牛的許慶良聽完韓宗諭的報告，有感而發：「以前的人養牛，都是靠自己那一套，覺得牛只要能產乳，吃什麼都好，從來沒想到飼料吃得對不對、會不會吃太多或太少，謝謝你們提供這些數據，讓我們知道該

「你兩隻手不夠力，我兩隻手來幫忙。」妻子王賴（左四）的鼓勵，是許慶良（右四）四十年來最重要的支持力量。如今牧場交棒第二代許東森（右三）、許登畯（左三）兄弟共同經營。

如何改進。」

他曾經是位北漂青年，西螺農工畜牧獸醫系畢業後，因為農村找工作不易，在北部當完兵，就在板橋的成衣工廠工作，負責剪裁，因而認識了做車工的王賴，兩人自由戀愛、結婚。

許慶良在北部待了五、六年，即使薪水不錯，家鄉始終在內心深處召喚著他，跟太太溝通過之後，兩人放下北部的一切，回到雲林打拚。

正值七〇年代，政府在推廣台灣的酪農業，大型乳品公司崛起，養牛保證有人收奶，崙背當地就增加了好幾戶酪農，許慶良也是其中之一。他借了五十萬元的青年創業貸款，和太太兩個人搭建出簡單的牧場，從十五頭小牛開始養起，前三年還沒辦法產乳，等於沒有收入，只能靠著之前的存款咬牙苦撐。

當年沒有自動化設備，從種草、割草，到搾乳，凡事只能靠自己的雙手，工作成了他們生活的全部。每天早晨一睜開眼，兩夫妻是先想辦法如何餵飽牛，接下來才是照顧孩子，更不要說考慮到自己。

身為酪農的另一半，王賴跟著丈夫每天工作十四小時。割草時不慎劃傷手，簡單包紮後繼續幹活。懷著身孕，也沒有休息的打算，工作到臨盆前一刻，才趕緊去找產婆幫忙。創業初期，家裡幾個孩子，年紀都小，忙到分身乏術的她，回家時看到孩子餓著肚子，哭到睡著，而尿布早已經濕透，無法善盡母職，她心痛不已。

許慶良知道，妻子為這座牧場付出太多。當王賴說起揪心往事，總是潸然淚下，許慶良的心情有感激，也有疼惜，「我一輩子還妳還不完。」

堅持「給牛最好的」

在農村，人際關係緊密，許慶良夫婦養牛，全村的人都在看。有人潑冷水，說養牛養得像他們這麼辛苦，根本沒人敢養。

許慶良要為自己爭一口氣：「不管多辛苦，一定要做成功，絕對不能讓人看不起。」妻子鼓勵他：「你有兩隻手，我也有兩隻手，你兩隻手不夠力，我兩隻手來幫忙，我們一起就有四隻手，一定可以把牧場做成功。」

畜牧獸醫的學歷背景，對許慶良養牛，多少帶來加分。當牛生病時，他可以做簡單的醫療處置，對於乳牛的育種、飼養管理，觀念也更加確實。當人工育種還不盛行時，許慶良就開始拿著書本，練習幫乳牛配種。

不過，許慶良把牛養好的真正關鍵，是「給牛最好的」。他看過有人養牛，早上餵完牛，就跑出去做別的工作，然後再回來餵牛。人一心二用，牛吃不飽，也吃不好，當然也養不好。

許慶良相信，對牛好，牛就會回饋好的牛奶。當其他牧場會在草料上壓低成本，許慶良則是跟廠商訂購最好的草料，加上乳牛營養補給品，每日飼糧費高於一般水準，日產乳量平均達三十公斤（一般牧場大概二十一公斤），鮮乳營養值遠超過業界標準，就是他所獲得的回饋，並在二〇〇五年，獲得了農委會「五梅獎」的殊榮。

過去許慶良牧場一直跟龍頭乳品公司合作，食安風暴後，許多酪農醞釀跳槽，有些原本二線的乳品公司趁機挖角，許慶良牧場因為牛奶品質好，也受到青睞，就順勢換了乳品公司。

合約滿三年，鮮乳坊提出了合作的邀請。在談合作條件時，龔建嘉特別提到，鮮乳坊不只是收購生乳，還會協助他們找出牧場工作的盲點，讓不足之處獲得改進，建立更強大的競爭優勢，這一點打動了許慶良，養牛養了大半輩子，他最大的心願，就是自家牧場能夠永續發展。

龔建嘉剛到南部發展時，在牛隻保健食品公司「春穀」服務，經常拜訪酪農，即使酪農知道龔建嘉可以提供獸醫服務，因為不了解他的實力，加上自己通常也有配合的獸醫，並不會主動找他。

那天，龔建嘉去拜訪許慶良牧場，有隻乳牛產後無法站立，之前什麼方法都用過了，效果不彰，許慶良就決定讓龔建嘉試試看。龔建嘉曾經跟恩師蕭火城學過動物針灸，正好派上用場。原本站不起來的乳牛，針灸之後，大約十到十五分鐘，居然站起來了。

許慶良看到了龔建嘉的技術，除了開始請他來牧場「摸牛」，也向在地其他酪農戶推薦龔建嘉的獸醫服務。由於許慶良在崙背一帶，頗具聲望，有他的背書，龔建嘉在當地逐漸打開了獸醫服務的市場。

許慶良是龔建嘉可以立足南部，成為獨立巡場獸醫的貴人。當他在尋找新的合作牧場時，很自然就想到了許慶良牧場：「他們這麼照顧我，我們可不可以發展出更緊密的合作關係，讓我也可以照顧他們？」

幸運兒牧場的女主人吳碧莉跟許慶良有親戚關係，由她主動扮演橋梁，許慶良對於鮮乳坊更加放心，合作案很快就水到渠成。

鮮乳坊要推出新品牌，首先要規劃販售的通路。豐樂鮮乳是微風超市、Jasons Market Place、聖德科斯、主婦聯盟等，嘉明鮮乳是全家便利商店，幸運兒鮮乳是路易莎連鎖咖啡。至於許慶良鮮乳，則是遇到家樂福推動「食物轉型計畫」契機，二〇一八年先在家樂福上架，之後全家也跟進，二〇一九年九月起，手搖飲品牌「大苑子」跟鮮乳坊開始合作，使用的也是許慶良鮮乳。

這麼棒的鮮奶，值得被看見

繼嘉明鮮乳簡約清爽的包裝，許慶良鮮乳的牛奶盒設計，則採取了版畫風的插畫，將「高優質鮮乳」、「職人精神」、「獸醫把關」、「傳承四十年的堅持」等重點，搭配文字敘述呈現，獨特的風格，在業界也是創舉。

鮮乳坊推廣合作牧場的牛奶時，除了食物的本質，也希望傳遞更多文化意涵。因此，團隊在討論許慶良鮮乳的包裝時，經過熱烈的討論，決定跟在地藝術家合作，讓牛奶的包裝更具人文氣息。

他們找來的是「二搞創意無限公司」，這是一對兄弟檔，哥哥郭漁、弟弟良根，他們擅長台灣在地懷舊風格，曾參與日本品牌優衣庫（UNIQLO）T恤設計、台北國際書展主視覺設計。

鮮乳坊安排兄弟倆到許慶良牧場參訪，兩人在現場靜靜聆聽介紹，也和乳牛互動，用心感受牧場的氛圍。「許慶良先生本人做事的態度，很像日本職人的精神，把一件事情用心做三、四十年，」良根後來分享了他的心得：「雖然是不同的產業，但我也熱切的感受到許慶良先生的心情，就像我堅持在繪圖創作的路上，樂在其中而忘了時間。」

良根以許慶良夫婦，以及兩名兒子為主角，畫下他們在進行拌草料、擠乳、餵小牛等例行工作的場景，四人神韻活躍於紙上，為牛奶盒包裝賦予了美學的昇華。「二搞」也以這款設計，拿到了台灣設計研究所所舉辦的「金點設計獎」。

許慶良鮮奶在家樂福上架時，鮮乳坊和家樂福聯合舉辦了記者會。那一天，數十年沒有來過台北的許慶良夫婦特別北上。低調害羞的他們，並沒有在記者會上現身，而是在活動結束，悄悄來到入口處的大看板拍照留念，臉上難掩雀躍。

這是四十年來，他們的牧場第一次被人看見。

從四隻手到很多隻手

夜間，牛舍裡出生了一隻小牛。

許慶良的大兒子許東森，趕緊檢查小牛呼吸是否正常，然後消毒臍帶、灌食防腹瀉的藥劑，接著餵初乳，好不容易完成小牛的安置，已經是凌晨兩點。

經營牧場，必須二十四小時待命，三百六十五天無休，許東森從小看著父母親過著這樣的生活，而他一度想要擺脫相同的命運。

從有記憶開始，許東森就是整天與牛為伍。身上穿的衣服，洗完就晾在牛舍，在學校裡，同學嫌他身上有牛舍味，誰都知道他家裡養牛。父母埋首牧場工作，小孩只能自力更生，許東森是老大，還要負責照顧弟弟、妹妹，幫弟弟許登畯洗澡，就是他兒時的例行工作之一。

牧場沒有假期，全家出遊是奢望。許東森聽同學炫耀去動物園玩，回家跟父親提起，父親只是淡淡回他：「家裡就有動物可看。」

許東森不希望自己的人生再被牧場綁住。他大學念的是機械工程系，擺明了不想接班，還一度放話：「如果把牧場交給我，我就把牛全部賣掉。」

退伍後，許東森出外找工作，曾經做過運動器材的研發，在外頭繞了一圈，發現並不如自己預期的有趣，而且父親年紀也大了，他不忍心看到父母辛苦半生的心血後繼無人，念頭一轉，他決定回家跟父親一起經營牧場。

此時，許慶良牧場又出現了一位貴人。中興大學動物科學系博士陳昭仁初入社會時，就認識許慶良一家，對他們的養牛理念非常認同，他協助許東森以數據檢測乳牛的營養攝取狀況，並以「完全混合日糧」的TMR（Total Mixed Ration）技術，餵養乳牛應攝取的營養。營養均衡後，每頭牛的每日產乳量從二十公斤，迅速提升，如今每天都能穩定產出三十公斤以上，連在夏季的泌乳低峰期也能有二十八公斤左右的日產量，在台灣是非常頂尖的水準。

許慶良是以「職人精神」，把事情做到最好的態度養牛，第二代的許東森再導入科技化的方式，革新牧場的飼養管理，大幅提升產能，是牧場傳承的絕佳示範。

許東森的長相、神情，比較像父親，相較之下，弟弟許登畯就偏向母親那一邊，圓臉上掛著和氣的笑容，是個戀家的小兒子。

許登畯是父母返鄉開牧場後才出生，先天就跟牧場有很深的連結。他從

兩位兒媳辛雅楹（左二）、楊宜潔（右二）是牧場
中不可或缺的溫柔力量。

小就愛看小牛誕生的過程，經常在牧場四處巡邏，看看有無要生產的母牛。

有一次，他都已經準備好要上學，突然有母牛難產，當時父母正忙於搾乳，抽不開身，他也不管身上還穿著乾淨的制服，書包一丟，就去助產，讓小生命順利來到世界，自己已是一身汗水和血水。

完成接生後，他趕緊梳洗，換上乾淨衣服，騎著腳踏車衝往學校，創下了在最短時間內抵達學校的紀錄。

許登畯大學念的是財政稅務系，一畢業就回牧場工作，因為對小牛有特別的情感，且做事細心，所以負責照顧全場的小牛。他是最佳奶爸，細心觀察小牛的健康狀況、喝奶量，找出最理想的照顧方式。許登畯養出的小牛，不但育成率接近百分百，而且隻隻毛色光滑、身形飽滿。

有一次，有隻小牛一出生就沒了呼吸，許登畯當下就對小牛口對口CPR，救活了小牛。正因為對生命的珍惜，所以他能把小牛養得這麼好。兄弟倆都已成家，各自的另一半也都無怨無悔投入牧場工作，第三代長孫女許宜珈就讀中興大學動物科學系（前身為畜牧系），也是照顧牛隻的好幫手。許慶良牧場，從第一代的四隻手，有愈來愈多雙手加進來，緊緊相握，家人的力量，就是牧場的力量。

鮮乳坊跟許慶良牧場合作後，龔建嘉經常收到許東森傳來的牧場照片、影片、空拍圖，看看能不能用在粉絲團，他也非常關心消費者的反應，經常詢問有無需要改進之處。

過去，牧場只是乳品公司的生乳供應者，因為產品都經過混合處理，多數酪農其實從不知道自家牧場的牛奶是什麼味道（生乳沒有經過專業消毒，無法直接飲用）。當許東森收到第一批生產的許慶良鮮乳，喝下第一口的瞬間，內心的激動，難以言喻。

終於可以休假了！

鮮乳坊生產的是單一牧場的牛奶，讓牧場在消費者心中有了存在感，喚起了酪農的榮譽感，他們希望自己牧場，能夠贏得更多消費者的認同，消費者的回饋，也成為他們精益求精的動力。

跟鮮乳坊合作，為他們帶來的另一個改變，就是終於可以休假了。

酪農跟乳牛是生命共同體，除了每天例行的餵養、擠乳，當乳牛開始發情，就要馬上配種，若是開始生產，就要進行助產，因此，在牧場工作，隨時要備戰，幾乎沒有休假的機會。

鮮乳坊獸醫團隊協助牧場建立標準化流程，結合牛隻體感裝置，酪農更容易掌握乳牛的狀況，工作效率也能提升，許東森便跟弟弟開始隔週休假，晨間例行工作結束，就可以離開。

兩兄弟第一次休假的選擇都很有趣。許東森是到台北，拜訪鮮乳坊的辦

在牧場長大的孩子，生涯規劃和學校活動裝扮都和牛脫不了關係。（下圖：許登畯提供）

公室；許登晙則是帶老婆、小孩去逛木柵動物園，一直走到腳磨破皮，才搭了末班車回雲林，直到深夜，還是興奮得睡不著覺。

至於四十年來沒休過假的許慶良，也開始卸下重擔，將牧場交給兩名兒子經營，因此有時間陪著太太去日本旅行，平時就陪伴孫子、孫女，過著含飴弄孫的退休生活。

鮮乳坊合作的牧場中，只有許慶良鮮乳是以創辦人的名字，做為品牌名稱。一開始，許慶良有些遲疑，覺得把自己的名字當作招牌，頗感壓力。不過，眾人發想了幾個新名字，都覺得沒有別的名字，比「許慶良」這三個字，更能貼近這個牧場的精神。

如今，牧場已經交棒給第二代經營，許東森、許登晙知道，他們必須更兢兢業業，養好牛，產好乳，守護父親的名字，讓它成為家族的榮耀。

Chapter 15

競爭的對手是自己：桂芳牧場

強風呼嘯而過，暴雨傾盆而下，一夕之間，家園變色。

二〇〇九年八月，莫拉克颱風帶來創紀錄的雨量，讓台南縣三十一個鄉鎮市，全泡在水中。

位於台南柳營的桂芳牧場，是這場水災的受災戶。牧場第二代曾仁瀚也因為這場暴風雨，人生走向了另一個方向。

桂芳牧場是曾仁瀚父母所創立，牧場名稱來自母親的小名。他們養牛產乳，把家中一對兒女拉拔長大。正因為深知牧場工作辛苦，他們並不期待曾仁瀚繼承家中事業，而曾仁瀚即使因為聯考分數落點，進入文化大學畜牧學系（現已改為動物科學系）就讀，也沒有把接班當作生涯的選項。

曾仁瀚是六年級生，就讀大學時，正是數位產業崛起的時代。他對資訊相關的專業很感興趣，學習寫程式、建置網站，畢業後就在台北的資訊公司上班。他打拚十年，當到了部門主管，年薪也有八、九十萬元。

父親因為長年操勞，身體不好，有心臟方面的毛病。曾仁瀚形容父親是典型的「嚴父」，但是父子關係其實不錯。父親到成大醫院做心臟支架時，曾仁瀚就守在病房，一邊遠距工作，一邊陪伴父親。

莫拉克颱風重創了桂芳牧場，畜舍毀壞，牛隻好幾天無法正常餵食、搾乳，災後紛紛染疫生病，損失相當慘重。曾仁瀚父親原本脆弱的心臟，承受了莫大的壓力。

一次外出洽談購牛事宜，父親因心臟病發作，在現場倒下，從此撒手人寰。牧場失去了最重要的支柱，若無人接班，只能走向拋售一途。曾仁瀚放下台北的高薪工作，褪去科技新貴的光環，返鄉當起養牛人，因為桂芳牧場是父母一生的心血，他必須守護。

曾仁瀚接手牧場後，看到了幾個急需改善的問題。首先是乳牛的飼養環境，由於氣候炎熱，高溫產生的「熱緊迫」，乳牛的繁殖、泌乳狀況都不理想；其次，台灣多數牧場都是家庭式經營，以最少的人手，維持整個牧場的運作，像桂芳牧場過去就是曾仁瀚父母，加上兩名員工，包辦牧場的大小事，賺的是「勞力財」而非「管理財」，牧場的發展很難更上一層樓。

為了改善牧場的散熱問題，曾仁瀚大手筆裝了五、六十台電風扇。另一方面，他也擴編牧場人力，現場最多曾經有十名員工。在做人力盤點時，曾仁瀚把自己定位成「管理者」，不會納入現場實作人力中，如此一來，他才能從每天例行事務中解放出來，真正把心力用於牧場的長期規劃。

乳牛是慣性行為的動物，不喜變化，整天與牛為伍的酪農們，也習於一成不變的作業模式。曾仁瀚一回來接班，就展開各種改革，母親和老員工都難以接受。

舉例來說，他把科技業的「精準管理」，帶進了牧場，要求飼料在餵食之前，必須先秤重，由於上一代基本上是以「手感」來估算飼料量，曾仁瀚的新做法就引發了反彈。

母親原本負責牧場的搾乳工作，習於遵循慣例的她，會影響其他人的作業方式，走回原來的老路。曾仁瀚希望母親不要再參與現場工作，她很不能諒解，甚至以為自己要被趕出牧場，母子之間經常冷戰，緊張關係持續了近一、兩年之久。

曾仁瀚的父親是許多老一輩酪農的寫照，埋頭苦做大半輩子，結果耗損了健康，最後根本沒機會享受人生。曾仁瀚不希望自己走上相同的宿命，而且，他相信只有翻轉經營牧場的方式，牧場才能走得長久。因此，即使面對難解的世代衝突，他仍堅持自己的改革。

「該做的事就要去做，」曾仁瀚強調：「如果不能以我的方式養牛，那我還不如留在台北工作。」

用對方法，牧場才能走得長遠

曾仁瀚是一名跨領域的改革者。一方面，他從小在牧場長大，又讀畜牧系，擁有飼養乳牛所需要的專業知識，另一方面，他在資訊業累積了十年經驗，提供了他不一樣的觀點來思考桂芳牧場的發展，並為困境尋找解決方案。

先進的設備是曾仁瀚創造新局的利器。他坦言，這些新型的科技工具價格不菲，要使用到上手也有門檻，因此多數酪農都不敢大膽嘗試。曾仁瀚沒有這麼多顧慮，只要他評估有助牧場的經營，就不吝砸重金投資，「我曾經在業界小有名氣，不是因為我養牛養得特別好，而是因為大家不理解，我為什麼要花這麼多錢買設備。」

事實上，曾仁瀚每一項設備投資，背後都有他長遠的規劃。桂芳牧場是台灣第二家引進小牛自動餵奶機的牧場。小牛配戴晶片，進入機器後，經過感應辨識，就會給予小牛適當的奶量，小牛只要餓了，就可以自己去喝奶，不必等待工作人員餵食。

一部自動餵奶機要價百萬，除了可以節省人力，透過設備的監測，從餵乳量到小牛吸吮速度，確保小牛充分獲取所需的營養，日後在泌乳時會有更好的表現，才是曾仁瀚投資這套設備真正的著眼點。

小牛出生時體重約四十多公斤，經過人工餵乳，約兩個月後斷奶，長成小女牛，體重得超過八十公斤，每天至少要增重〇．五公斤。桂芳牧場引進小牛自動餵奶機後，小牛日增重可以達到一公斤，甚至一．五公斤。很多酪農看到實際效果後，大感驚豔，紛紛跟進使用。

曾仁瀚很清楚，老一輩經營牧場的方式，已不符合年輕世代追求工作、生活平衡的價值觀，人力短缺會是產業永續的隱憂。他未雨綢繆，大手筆投資搾乳設備，原本想首開先例，成為台灣第一家引進自動搾乳機器人的牧場，因故未能如願，改為安裝圓盤式搾乳機，雖然還是需要人工操作，搾乳所需人力、時間都能大幅減少，而且動線設計符合動物行為，乳牛可

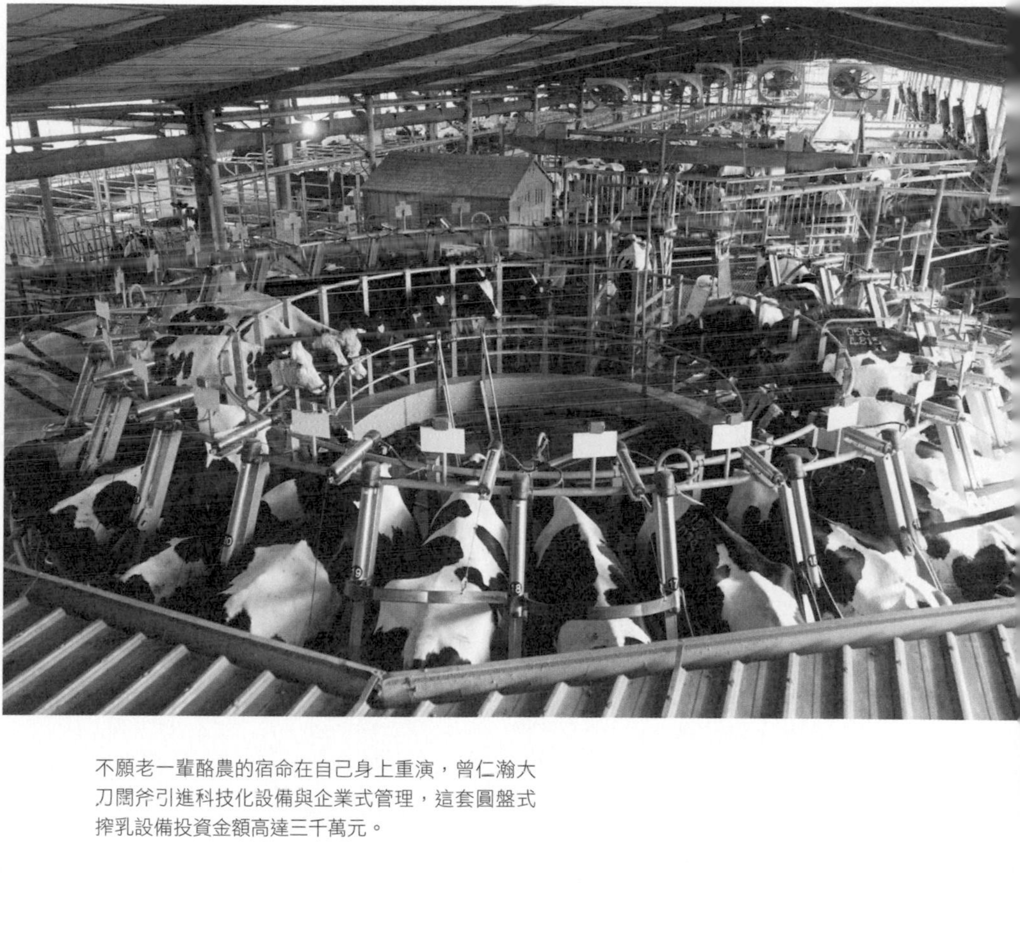

不願老一輩酪農的宿命在自己身上重演，曾仁瀚大刀闊斧引進科技化設備與企業式管理，這套圓盤式擠乳設備投資金額高達三千萬元。

以在更舒適的狀態下完成擠乳，更有助於確保泌乳的品質。

圓盤式擠乳機一套要價一千五百萬，由於設備體積很大，搭配牧場改建，總投資大約要三千萬。二〇一八年就進行機器安裝，直到二〇二〇年，配套設施完成後，才正式啟動，「等於我買了一部藍寶堅尼，放在廠房閒置了兩年，」曾仁瀚打趣形容。

現代化設備還需要結合企業式管理，才能讓牧場經營展現新氣象。桂芳牧場原有的員工，都是看著曾仁瀚長大的長輩，他們工作穩定度高，但也比較排斥改變。曾仁瀚接班後開始招募新員工，進行換血。一開始，習於舊做法的老員工，跟按照曾仁瀚指示的新員工，彼此難以配合，新人待得不開心，就會離開，曾仁瀚花了約兩年，才逐漸把員工人數拉上來。

人員增加了，才可以進行排班休假，曾仁瀚也有餘力為員工進行教育訓練，員工在牧場有所成長，更有意願留下來。桂芳牧場目前有八名員工，好幾位都待了三、四年，可以承擔牧場的例行事務，加上視訊技術發達，曾仁瀚即使不在現場，也能遠端進行指揮，不必長時間被牧場綁住，可以好好過生活。

曾仁瀚的母親原本不認同兒子的改革，當她看到牧場經營上軌道，便逐漸改變了態度，加上曾仁瀚的另一半傅芊純居中充當和事佬，母子之間的僵局，出現了破冰的契機。

是獸醫，也是最得力的另一半

成為牧場女主人之前，傅芊純是位獸醫。

她的第一志願原本是牙醫，因為聯考分數的關係，進入嘉義大學獸醫系就讀。畢業後，傅芊純在北部的動物醫院工作，偶爾會去大學同學的實驗室串門子，認識了當時在台大獸醫研究所攻讀碩士的龔建嘉，兩人成為很好的朋友。

傅芊純是台南人，後來她返回家鄉的動物醫院就業，臨床工作量大，經常加班。同樣也在南部工作的龔建嘉，了解她的工作的狀況後，就介紹她到自己任職的動物營養品公司「春穀」當業務，開始接觸各大牧場。

她在就讀大學時，有位來自日本的客座教授開了乳牛獸醫學的課，還安排了牧場實習機會，因此傅芊純對於照顧乳牛，很感興趣。只是女性獸醫較難打進在地的酪農圈，後來只好走小動物獸醫這條路。她在「春穀」跑業務時，認識了曾仁瀚，兩人在乳牛這個主題上，很有話聊，逐漸熟稔起來，最後決定踏上紅毯。

傅芊純過去並沒有太多大動物獸醫的經驗。然而，她學習能力很強，龔建嘉還在「春穀」服務時，他幫客戶「摸牛」，傅芊純一旁做紀錄，並利用機會學習，之後也在乳品公司輔導員的指導下，學會操作超音波儀器，大動物獸醫要從事的「摸牛」、孕檢，基本上都難不倒她。

因為她的加入，牧場孕檢從每個月一次，增加到每星期一次。孕檢頻率提高，可確實掌握每隻乳牛的健康狀態，有助於提供更精準的診斷與治療，乳牛的配種率也提升了，讓傅芊純小有成就感。另外，由於台灣長期以來，大動物獸醫不足，導致各地牧場的用藥多為藥品公司推薦、酪農靠經驗法則判斷後自行用藥，可能導致用藥過量或錯誤用藥的狀況，對牛、對奶都是風險。桂芳牧場在傅芊純的導正下，整個牧場的用藥習慣，包括藥劑的使用量，以及用藥的方式，都變得更符合專業的標準。

酪農的另一半通常都會參與擠乳，不過，傅芊純當初嫁進來時，曾仁瀚曾經承諾，不會讓她做這麼辛苦的工作。他說到做到，即使人手不足時，也不曾開口要她幫忙，通常是傅芊純非常積極爭取，他才同意。隨著兩名

為了改變做法，曾仁瀚（右二）母子關係一度陷入緊張，還好獸醫出身的妻子傅芊純（中）扮演了溝通的橋梁。

孩子陸續出生，傅芊純的生活重心放在育兒上，逐漸退出牧場的現場實務，通常是在遇到重大問題時，才會跟獸醫團隊一起討論解決。

傅芊純跟婆婆處得不錯，她認為婆婆人很好，也很好講話，只是老一輩的觀念較難改變，而丈夫在堅持改革時，態度又比較強勢，母子話不投機，都不想跟對方說話。

她扮演溝通橋梁，讓婆婆了解，牧場經營如果不進行改革，不但大家會賠上健康，牧場也不會有光明未來。她鼓勵婆婆多出國散心，起初婆婆還是放心不下，會請導遊幫忙打電話回家，確認牧場沒事。後來她發現，兒子管理牧場的確有他的一套，自己是時候放手，好好享受退休生活了。

挑戰新的銷售方式：加入鮮乳坊

曾仁瀚是新生代酪農，只比龔建嘉年長九歲，在龔建嘉接觸的牧場主人中，年齡差距較小，而且他在台北的資訊公司上過班，想法跟得上時代潮流，又懷抱改革的理念，兩個人的「頻率」很合拍。後來，好友又成了曾仁瀚的另一半，龔建嘉跟桂芳牧場的關係，就更加親近。

龔建嘉還在「春穀」服務時，他就問過曾仁瀚：「有沒有想過自己賣鮮奶？」鮮乳坊成立後，桂芳牧場一直在他想要合作的口袋名單中，只是鮮乳坊初期還未站穩腳步，桂芳牧場跟乳品大廠也還未約滿，只能靜待時機成熟。

二〇二一年年初，鮮乳坊邁入第六年，業務已經上了軌道，雖然已經有五家合作牧場，產量仍然供不應求。龔建嘉知道桂芳牧場跟大廠的合約將在年底期滿，就向曾仁瀚詢問合作的可能性。

鮮乳坊成立後，在乳品產業是新的經營模式，曾仁瀚最早是採取觀望的態度，他從臉書等社群平台，了解消費者的接受程度，也會打聽業界人士的看法。當龔建嘉提案合作後，曾仁瀚經過了審慎的考慮、評估後，同意成為鮮乳坊合作的第六家牧場。

鮮乳坊的團隊很快展開新品上市的前置工作。首先是敲定通路。之前一公升裝的許慶良鮮乳，在全家、家樂福、大苑子皆有販售，由於家樂福併購頂好超市後，門市數增多，需求量更大，經過協調後，桂芳鮮乳會在全家上架，許慶良鮮乳則逐步把火力集中在家樂福和大苑子。

嘉明鮮乳、許慶良鮮乳曾經以別具特色的包裝，在上市時引起話題，有時消費者在不同通路想要支持鮮乳坊的其他牧場，卻因為包裝落差太大而找不到商品。為了讓消費者更容易辨識鮮乳坊合作的牧場品牌，因此，桂芳鮮乳上市時，包裝會採用跟豐樂鮮乳、幸運兒鮮乳、雙福鮮乳相同的設計風格。未來，鮮乳坊還計畫進行整體的視覺翻新，讓所有消費者在不同的通路，都能很輕鬆的找到鮮乳坊合作牧場的產品。

從沒有把牧場當成生涯選項的曾仁瀚，如今回到牧場，也在牧場裡建立自己的家庭。煥然一新的桂芳牧場，未來精彩可期。

為了強調好農價值，而非侷限在小農的形象，真正落實對品質的堅持，鮮乳坊將積極推廣「莊園級鮮乳」的概念，桂芳鮮乳在全家上架時，也與全家共推「單品咖啡＋莊園鮮乳」的高品質拿鐵，藉由這一波行銷活動，讓消費者可以認識這個台南非常具有代表性的好農。

挑戰產業，挑戰自我

曾仁瀚右手有三隻手指，有著明顯的植皮手術痕跡，那是他童年時，在牧場玩耍時，不慎遭機器割傷的印記。

當年那個貪玩的孩子，如今扛下了延續牧場命脈的重責大任。返鄉養牛超過十年，曾仁瀚認為，酪農業有個特色，就是沒有太多同業的競爭，只要自家牧場產出的生乳，質量俱佳，乳品公司就願意收購。因此，他把自己當作唯一的競爭對手，從引進新設備，到導入健全的人員管理制度，目的就是讓桂芳牧場可以愈來愈好。

如今，他更大膽跨出傳統的供銷模式，跟鮮乳坊合作，嘗試往成立品牌發展，或許未來還能發揮示範作用，鼓勵更多的酪二代加入改變產業的行列。

日本清酒
鮮乳坊
幸運兒牧場
LUCKY RANCH
嘉明鮮乳
鮮乳坊
愛，是唯一的選擇。
一頭牛

鮮乳坊
愛，是唯一的添加。
豐樂牧場
HOME LOVE RANCH
鮮乳坊

Chapter 16

我們這一家

龔建嘉來到餐廳時，預訂好的桌子，已經坐了好些人。除了鮮乳坊的牧場管理規劃師韓宗諭、兩名嘉明牧場的年輕幹部李彥穎、李蓉等，許東森、許登畯則帶著老婆出席。過了一會兒，陳界全一家人也來了。最後抵達的是豐樂牧場的成員。

大夥兒暫時放下了牧場的工作，來參加鮮乳坊舉辦的聚餐。大家都是養牛人，而且彼此熟識，一坐下來，就有聊不完的話題。

看著這些牧場的夥伴，龔建嘉不禁捫心自問：「我何德何能，大家都這麼幫忙鮮乳坊？」

他們都是業界頂尖的牧場，乳品公司爭相邀請，但是他們選擇跟鮮乳坊合作。面對鮮乳坊的各種要求，像是嚴格的每日檢驗工作、配合動物福利項目提升牧場，甚至是申請生產履歷，其實都會加重牧場的工作量，他們卻都欣然接受。

有些乳品公司向配合的牧場提出類似的要求，酪農通常會先問：「這對我有什麼好處？」而鮮乳坊得到的回應則是：「好啊，只要對消費者有好處，對你們推廣有加分，我們就來做。」

酪農們的熱情相挺，讓龔建嘉相當窩心。他知道，在事業的合作上，願意彼此信任、支持，並不是件容易的事。這群酪農是天上掉下來的禮物，讓他這個小小的獸醫，可以為台灣酪農業做出一點改變。

賣牛奶其實是一門好生意，乳品公司只要找到配合的酪農，每天去收乳，加工後送到市場，就能迅速換成現金。對乳品公司來說，酪農就是上游供應商，只要交出約定數量的生乳即可，牧場環境優劣、牛養得好壞，都與他們無關。因此，鮮乳坊跟酪農的合作模式，不論是高於市價收購生乳、提供牧場經營的協助，或是支持牧場改善乳牛生活環境，看在乳品公司眼中，簡直匪夷所思——怎麼會有人這樣做生意？

龔建嘉先是一位牧場獸醫，才是鮮乳坊的創辦人，這一點決定了鮮乳坊會是家什麼樣的牛奶公司。他跟酪農的關係，原本就是從提供服務開始，長期相處形成深厚的情誼。他離開台北的家人，在雲林自力更生，在地的酪農圈，是他很重要的精神支柱。龔建嘉決定站出來為酪農發聲，動機很

龔建嘉原本以為可以在鄉間過著閒適獸醫生活，卻因為愛上在這片土地認真打拚的酪農們，走上他從沒想過的創業之路。（空拍照：許東森提供）

單純，因為酪農待他如家人，所以他也要照顧家人一般的酪農。

牧場是鮮乳坊的根。直到現在，龔建嘉大部分的時間還是待在雲林，持續擔任巡場獸醫，進牛舍「摸牛」，坐在酪農的客廳泡茶聊天。他必須站在第一線上，聆聽酪農的心聲，幫他們改善問題。他希望酪農過得更好，產業可以永續，這份使命感源自於他跟酪農情同家人。

每個牧場都是一個家，工作、生活都在一起，成員之間必須同心團結，牧場才能走得長遠。鮮乳坊將這些不同的「家」串聯在一起，組成一個大家族，相互攜手，把牛養好，提供消費者高品質的鮮奶，一起推動台灣的酪農業升級。

Part

4

鮮乳坊共好學❷ 與通路共好

通路變盟友，創造更多價值

鮮乳坊秉持單一乳源，
由於乳量有限，
必須在不同的實體通路中，
為每支產品找到最佳的戰場。
不論是超商霸主全家、人氣手搖飲大苑子，
或是冠軍咖啡店芒果咖啡，
鮮乳坊與志同道合的通路合作，
除了供應最好的產品和原物料，
也是「解決方案」的協力者，
為彼此的合作關係創造更多價值。
鮮乳坊把通路變盟友，
將供應鏈串聯成價值鏈，
一起把關食安、支持好農，活化在地農業，
建立共好生態圈。

Chapter 17

攜手把關食安：全家便利商店

二〇一六年五月十九日，晚上七點，台北松菸誠品展演廳。

舞台上，坐著兩名對談者，分別是統一超商前舵手徐重仁，與全家便利商店集團會長潘進丁，台灣零售流通業兩大巨擘「王見王」，話題性十足，台下也擠滿了聽眾。

郭哲佑也是當晚的聽眾之一。

演講結束後，他提著一袋牛奶走向潘進丁，向對方自我介紹：「會長，我們是一家小農鮮奶的品牌，我們的鮮奶品質非常好，很多通路採用，我們很希望可以跟全家合作。」

雖然是被「突襲」，潘進丁倒是不以為意，和善的說：「好啊，那我請商品部的同仁，跟你談談。」大約一週後，郭哲佑便接到通知，要他到全家提案。

一次的毛遂自薦，讓成立才不過才一年的鮮乳坊，敲開了「全家」的門。

進軍全家，精品牛奶邁向大眾化

從生乳到鮮乳，加工廠每批次生產，以兩噸生乳量起跳。因此，成立品牌後，必須要找到足夠的市場消化，才能夠維持穩定的生產。鮮乳坊一開始靠著群眾集資啟動生產，主要採取網購宅配，市場規模有限，負責業務開發的郭哲佑積極尋找其他通路合作，打開銷售才能繼續生產。

鮮乳坊推出的第一個鮮乳品牌是豐樂鮮乳，走的是大瓶裝的規格，陸續打進了微風超市、Jasons Market Place、聖德科斯、主婦聯盟等通路，靠著好品質建立起口碑，銷售量一直很穩定。

鮮乳坊要做的不只是賣牛奶，還要為產業帶來影響力，愈多人認識鮮乳坊、購買鮮乳坊的產品，這個品牌對產業的意見，才能擲地有聲，獲得重視。不是每個消費者都會去超市買大瓶裝鮮奶，為了擴大品牌能見度，郭哲佑下一個試金石是小瓶裝，而小瓶裝鮮奶的戰場在超商。

郭哲佑開發通路，採取的是「擒賊先擒王」策略。進軍任何一種通路，他都先找有指標性的龍頭，比方說，超市通路，他第一個去找微風超市，而茶飲品牌，他第一個談的是天仁茗茶。除了連鎖通路，鮮乳坊也跟不少獨立店合作，不論是甜點店或咖啡店，都是先找拿過比賽冠軍的店家。「當你在龍頭做出了成績，再找其他通路，就變得容易許多，」郭哲佑解釋。

台灣超商有四大體系，統一超商、全家便利商店是兩大龍頭，瓜分了八成的市場。由於統一照顧自家品牌優先，其他品牌的鮮奶要在統一上架，幾乎是不可能，全家就成了鮮乳坊積極爭取合作的對象。

創業菜鳥勇敢向前衝

之前郭哲佑曾經去敲過幾次門，因為品牌太小，未獲得採購人員接受。不過，他並不死心，正巧看到徐重仁、潘進丁對談的活動訊息，便去現場伺機行動，果然有所斬獲，得到了正式提案的機會。

這一次，郭哲佑帶著龔建嘉一起簡報，他們從食品安全、幫助酪農等角度切入，加上龔建嘉的獸醫身分，特別有說服力。鮮乳坊希望在全家上架的產品，是小瓶裝的嘉明鮮乳，因為已經先透過群眾集資打開了知名度，全家看到了這支產品的潛力，雙方順利談定合作。

二〇一六年十二月二十一日，嘉明鮮乳正式在全家的通路上架。產品規格為二百一十毫升，每瓶賣四十元，比一般小包裝的鮮乳賣得貴，而且開賣日還在鮮乳淡季的冬天，郭哲佑最初其實沒什麼信心，擔心兩個月後就下架了。

為了壯大聲勢，正式開賣前一天，鮮乳坊還在南京東路上的全家京吉門市，舉辦了體驗活動。現場除了鮮乳坊的夥伴，另有多位穿著白袍的獸醫站台力挺，忠實「奶粉」更是從各地前來共襄盛舉。回家後，郭哲佑打開臉書，滿滿都是「嘉明鮮乳文」洗版，心裡才比較篤定。

嘉明鮮乳首日進貨進萬瓶，初期每家門市平均只有三瓶配額，由於具話題性，加上聶永真設計的包裝十分吸睛，很多門市一上架就被搶購一空，買到的人紛紛在臉書貼出照片炫耀，網路聲量帶動了銷量，超乎郭哲佑的預期，兩個月後不但沒有下架，前三個月平均每日銷量都達到六千瓶以上，就單一通路來說，是相當不容易的成績。

成功打進全家通路，雖是鮮乳坊的一大里程碑，過程其實也充滿挑戰。

郭哲佑坦言，全家是市場雙雄之一，對於合作廠商有很嚴格的進貨要求，而鮮乳坊當時只是家成立一年多的小公司，過去從來沒有跟超商配合過，剛開始合作時，為了符合全家的各種作業規範，團隊承受了不少壓力。

鮮乳坊之前主要跟超市合作，基本上是一週配送兩趟，超商的牛奶是日配品，每天都要供貨，而且全家的做法是半夜進貨，溫度必須控制在 7℃以下，鮮乳坊花了不少力氣，才對接上這樣的供應鏈模式。

當時鮮乳坊資源有限，連開新品記者會，從聯絡媒體、號召「奶粉」，到現場活動的準備，都是公司夥伴同心協力執行，雖然順利帶起了嘉明鮮乳的聲勢，因為售價較貴，之後在網路上遭到攻擊，認為鮮乳坊把文青包裝的成本，轉嫁到消費者身上。

事實上，鮮乳坊以高於市價收購生乳，並投入很多成本在生產過程，賣牛奶的利潤比一般乳品公司低很多，但是這些付出，消費者不易有感。網路攻擊雖然影響了鮮乳坊的士氣，卻也引發了不少媒體的報導，更多人因此認識了鮮乳坊，反而帶來了一群認同鮮乳坊理念的消費者，也算是因禍得福。

理念相近，合作更緊密

全家會跟鮮乳坊展開合作，「時機」是重要的關鍵。便利商店和社會大眾每天的生活息息相關，其中又以食品類營業額占總營業額一半以上，說食品是便利商店的命脈，並不為過。因此，只要傳出食安問題，就會對便利商店造成極大的衝擊。

以現煮咖啡為例，由於拿鐵是極受消費者歡迎的品項，因此全家在乳源的調度上煞費苦心，更深刻體認食品安全的重要性，對於鮮乳坊強調獸醫把關、單一乳源、成分無調整的訴求，自然是十分認同，願意給這個年輕的品牌一個機會。

隨著嘉明鮮乳在全家站穩了腳步，全家也開始跟鮮乳坊進行其他品項的合作，像一款「玻妞優格飲」就是人氣商品。

全家便利商店總經理薛東都透露，每年全家大約會有三分之一、七百多種的商品推陳出新，為了填補消費者需求的缺口，商品部會蒐集情報，跟廠商合作研發呼應時代潮流的商品。

在高齡化的趨勢下，消費者愈來愈重視養生保健，在全家的建議下，鮮乳坊便和大江生醫合作，在優質鮮乳中，加入專利菌種（TCI633），所發酵的優格飲，除了幫助消化，還可以自然生成小分子玻尿酸。商品是粉紅色小杯裝，主打女性消費者，在全家台北松山品牌旗艦店首賣，上架十分鐘就被一掃而空。

除了這款優格飲，鮮乳坊也跟全家合作奶酪、蛋捲、冰淇淋等多款聯名商品，幾乎每一種都熱賣，二〇二〇年四月，又進一步規劃為鮮乳坊品牌月，一口氣推出七款限量商品，種類涵蓋了冰淇淋、霜淇淋、泡芙、麵包、蒸蛋糕、饅頭、鮮乳餅等，對鮮乳坊的提攜可以說不遺餘力。

薛東都坦言，全家聯名合作的對象為數不少，因為跟鮮乳坊理念相近，雙方的合作就更加深入。

比方說，為了翻轉便利商店食品不健康的形象，二〇一八年起，全家首開連鎖通路先河，導入Clean Label（潔淨標章），召集百家廠商組成產業聯盟，主打真食材、少添加，跟鮮乳坊一貫的主張同出一轍；全家支持台灣農業，從跟台南「瓜瓜園」契作地瓜，炒熱「夯蕃薯」商機，到提供平台販售青農產品，要為在地農民做更多，也跟鮮乳坊的立場相同。

不同於一般廠商在各通路都會鋪貨，超商通路中，鮮乳坊的牛奶只在全家販售，這種「獨賣」的模式，讓兩者品牌效應相互加乘，更能長期經營關係。

創業菜鳥的華麗蛻變

面對合作的通路夥伴，鮮乳坊除了提供優質的產品和原物料，也積極提升自身的附加價值，從對方的角度思考，提出行銷、品牌等各面向的解決方案。

二〇一九年九月，龔建嘉再次到全家做簡報，比起二〇一六年那一次，全家出席的陣容更為浩大，從會長以降，董事長、總經理、各部門主管，全員到齊，在全家算是罕見的高規格會議。

為了這次簡報，龔建嘉做足了功課，提出了四點訴求，其中一點就是建議全家發展「訂閱制」。

鮮乳坊推廣訂閱制已經有一段時間，相較於單次購買，訂閱制不但能確保穩定的銷售，更展現了對酪農的長期支持，只有當消費者形成一股力挺農民的能量，整個產業才會有所改變。龔建嘉認為，全家既然強調「全家就是你家」，更應該發展家庭客戶，只是家庭客戶主要採購的生活日用品，在通路的價格戰上，便利商店很難打過量販店，透過訂閱制的導入，消費者可以用長期的數量，換到團購的價格，再結合超商方便取貨的優勢，真正做到「全家就是你家」。

適合訂閱制的商品，特性是消耗量大，需要反覆購買，牛奶就是其中之一，龔建嘉在會議上懇切提議，鮮乳坊很願意成為全家推行訂閱制的敲門磚。如果訂閱制成為全家成功的商業模式，不但可以大幅提高超商客單價，生產者也因為有消費者的承諾，可以從事計畫性生產，進而達到產業永續。

一般來說，廠商跟通路提案簡報時，就是一再強調自家新產品的優點，希望通路買單，此番簡報目的不在推銷牛奶的龔建嘉有備而來，他曾詳細閱讀過《敢變》、《O型全通路時代26個獲利模式》兩本以全家為主題的書，深入了解全家的企業文化，在準備簡報內容時將全家的需求（開創新的商業模式），和鮮乳坊的需求（推動牛奶訂閱制）結合在一起，互利共好的訴求自然獲得了全家的認同。

那天晚上，龔建嘉接到潘進丁傳給他的訊息：「簡報內容切中要點，讓全家主管印象非常深刻，非常好的一次交流活動，當作是可以全面合作的一個重要開頭，是否能夠順利，仍期待大家的後續努力，非常謝謝鮮乳坊團隊。」以潘會長的高度，親自傳訊給他，對龔建嘉是很大的鼓勵。

事實上，全家是全台擁有最多會員數的便利商店，為訂閱制提供了良好的基礎，全家目前也成立相關的團隊，一旦平台技術成熟，透過訂閱制推動新的產銷型態，生產者、通路、消費者三方都能受惠。

此前鮮乳坊在微風、Jasons Market Place上架，雖能建立精品牛奶的形象，卻難以走進社會大眾的視野。跟全家合作後，鮮乳坊才真正成為大眾品牌，隨著市占率放大，才能夠對產業帶來影響。

鮮乳坊因全家的支持而茁壯，全家也因為跟鮮乳坊結盟，更能落實「顧客滿意，共同成長」的經營理念，兩者的關係，不只是供應商和通路，而是真正的盟友。

Chapter 18

結盟挺好農：大苑子

大苑子創辦人邱瑞堂用水果的滋味，來感受四季。冬季是草莓的甘美，春季有小蕃茄和金桔的酸甜，夏季由濃郁的鳳梨、芒果、火龍果接力演出，秋季則有清爽的芭樂、百香果、橘子帶來豐收的尾韻。

二〇二〇年，邱瑞堂在台北市府站附近，打造了一間冰果室風格的「夢想店」，店裡有一座「水果時鐘」，以草莓做為零時，依序排列了十二種主題水果，順著時鐘吃完一輪，剛好過完了一年。

吃水果，日日是好日，就是邱瑞堂的「水果道」。

邱瑞堂是彰化農家子弟，二〇〇一年他以手搖飲起家，創立了大苑子，二〇〇七年雖然轉型主打鮮果飲，奶茶系列仍是人氣不墜的產品，因此牛奶也是大苑子很重要的原物料。過去大苑子用的牛奶，來自各大乳品公司，二〇一九年九月一日起，所有鮮乳飲品都使用許慶良鮮乳。

合作的契機，也是從郭哲佑主動叩門開始。他觀察大苑子，從門市陳列到包裝，都強調跟農民站在一起，認定是鮮乳坊值得合作的對象。

不過，郭哲佑一開始找不到可以洽談的窗口。當他聽到朋友說起，邱瑞堂會在一場電商聚會中演講，就抓住機會，到現場交換名片，之後親自到總部拜訪，因為理念契合，順利談成了合作。

然而，合作才開始一個多月，就發生一段插曲。某天，郭哲佑接到了邱瑞堂的急電，請他到大苑子總部一趟。原來，某家乳品公司告訴邱瑞堂，鮮乳坊的鮮乳是「混奶」，並非如他們宣稱的「單一乳源」，邱瑞堂有受騙的感覺。

那次郭哲佑南下時，也約了牧場經營規劃師韓宗諭一起去見邱瑞堂。韓宗諭曾經是某人乳品公司的總配方師，具有專業的畜牧背景，由他來向邱瑞堂說明鮮乳坊在牧場做的事，更邀請他親自參觀牧場，邱瑞堂才相信鮮乳坊是玩真的，而非將「單一牧場」當作銷售話術。

大苑子全台有兩百多家門市，以加盟店居多，總公司要換用牛奶，各家店長的認同也很重要，因此鮮乳坊還特地為各地店長規劃了教育訓練，教他們認識什麼是好的鮮乳，前後大約經過半年，才獲得大苑子各門市全面的支持。

鮮乳坊合作的牧場品牌中，大苑子選用的是許慶良鮮乳。「許慶良鮮奶的乳脂高達四．〇％，屬於高乳脂鮮奶，口感厚實，用來製作茶飲，特別好喝，」邱瑞堂解釋。

另外，邱瑞堂認為，台灣的農業需要新生代的投入，許慶良牧場是二代接班，具有傳承的意義，也是他選擇許慶良鮮奶合作的原因。

大苑子不但使用許慶良鮮奶做為原物料，甚至有個茶飲系列就冠名「許慶良鮮乳」，而全台大苑子門市，更成為許慶良鮮奶販售的通路。二〇二一年年初，大苑子首度開賣甜點——「許慶良草莓鮮奶酪」，因為限店限量，還掀起搶吃潮，雙方的合作可以說相當緊密。

轉型成功的關鍵在「土地」

鮮乳坊賣牛奶，大苑子賣果汁，兩家企業的命脈都是農產品，支持台灣農業是共同的核心價值。

形象憨厚的邱瑞堂是彰化社頭人，當地盛產芭樂，他祖父就是芭樂農，邱瑞堂從小在果園長大，一大早爬起來幫忙摘果，是他童年記憶的一部分。大學念化學物理系的他，一直對創業很感興趣，大一就賣過滷味和鹹酥雞，但是都不成功，後來發現了茶飲的商機，便投入了手搖飲這一行。

搭著台灣人愛喝飲料的風氣，大苑子一天可以賣出兩千杯的飲料。雖然生意做得不錯，但是飲品用的是濃縮果汁，邱瑞堂不清楚裡頭真正的原料，總想著做「看得到源頭」的商品，亟思轉型之道。

二〇〇七年柳橙大豐收，卻發生了價格崩盤，果農只好把柳橙一車車載去丟掉，農家出身的邱瑞堂，看了新聞，十分不忍，便花錢買下了滯銷的柳橙，把原本使用濃縮果汁的飲品，全部用新鮮柳橙取代。

一開始邱瑞堂還是跟盤商買水果，後來直接進入產地，找優良果農採購。邱瑞堂至今仍記憶猶新，他去南投中寮山裡買柳橙，需求一開就是三十公噸，果農還以為他是詐騙集團。

如今，大苑子一年要採購五千萬噸的水果，有一千六百位果農參與契作，根據水果時鐘的規律，全年供應所種植的農產品，不必擔心產量過剩與價格崩跌的問題。而大苑子也推出行動農檢駐產地，確認安全後才採收運送，打造出台灣最強的鮮果物流系統，對消費者也有保障。

水果盛產卻滯銷，冬季的鮮奶也有類似的狀況。大苑子懂得農民的苦，跟鮮乳坊合作之後，每逢冬季，大苑子都主打鮮奶產品，幫忙消化過剩的奶量，代表大苑子不只是把鮮乳坊當作原料供應商，而是同一陣線的盟友。

大苑子和鮮乳坊的另一個相同之處，就是非常重視和消費者溝通。

透過文字、圖片、影像，鮮乳坊不斷訴說著酪農的故事，消費者認識了這些酪農，在購買鮮乳坊牛奶時，就不只是買一個商品，也有支持優良酪農的意義；大苑子雖然是賣果汁，行銷團隊也走入水果產地，以水果為主題，創作各種內容，拉近消費者跟產品之間的關係。

點開「邱老闆的鮮果冒險」粉絲專頁，影片每日更新，內容琳琅滿目，比方說，當月的主題水果是鳳梨時，邱瑞堂便化身「邱老闆」，親自到屏東高樹的產區摘鳳梨，並介紹大苑子的挑果標準（重量大約兩斤多，敲彈聲響如鼓聲），將消費者手上的鳳梨飲品，跟鳳梨產地、果農串聯在一起。

為了強化跟許慶良鮮乳的連結，邱瑞堂也跟鮮乳坊合作，親自到牧場錄製影片，提供平台讓酪農為自家產品發聲，而大苑子選用優質原料、力挺農民的企業形象，也能夠更深植人心。

會員經濟的強大實力

鮮乳坊有「奶粉」，大苑子也有一批的「苑粉」，對於社群的經營下了不少功夫。

事實上，大苑子很早就開始發展「會員經濟」，二〇〇六年發行晶片式儲值卡「旺卡」，之後又陸續推出App線上訂餐、禮物券、優惠券等功能，二〇一九年上線的「訂閱制」，每日推送訊息給訂閱的會員，強化用戶黏著度，即使在飲料業的淡季，也能維持「苑粉」的熱度。

透過App上的訊息推播，大苑子除了業務用奶，零售表現也相當亮眼，每個月可以賣出約五千瓶的許慶良鮮乳，展現了「會員經濟」的潛力。

在臉書平台上，鮮乳坊和大苑子有各自的社團，前者成立較早，在後者成立初期，鮮乳坊便積極鼓勵自家社團的成員，加入大苑子社團，把人氣炒熱，大苑子社團人數甚至還後來居上，不少在社團中活躍的「苑粉」，本身就是「奶粉」，兩家粉絲水乳交融，相互支援，在網路上形成的影響力更為壯大。

「大苑子」以台語唸出來，意思就是「台灣之子」，「邱董告訴我，大苑子賣果汁、賣水果，也在賣一種價值，就是我們跟台灣這塊土地的情感、知識與連結，」郭哲佑強調。

大苑子走的是「水果道」，鮮乳坊走的是「牛奶道」，兩個品牌朝同一個目標前進，就是要透過農產品，喚起消費者對這塊土地的愛。

Chapter 19

當牛奶遇上咖啡：芒果咖啡

姚致宇是鮮乳坊業務組的組長，也是一位精通咖啡的達人。他的父親任職於國內知名展覽公司，負責咖啡展。先前在展覽中與郭哲佑認識，姚致宇便在郭哲佑的引薦下，加入鮮乳坊，負責獨立店的通路開發。

跟鮮乳坊合作的獨立店，大約有 千兩百多家，包括了咖啡店、茶飲店、早餐店、甜點店等，而獨立咖啡店則有四、五百家。這些咖啡店有個特色，就是店長通常都很有自己的主張和想法，當他們認同鮮乳坊時，不但會使用、銷售鮮乳坊的產品，甚至還樂意扮演橋梁，向消費者傳遞鮮乳坊的理念。

這些獨立咖啡店散布全台各地區，營業時間不一，叫貨量有起伏，供貨服務需要量身訂做，要為他們教育訓練，時間也不容易安排。咖啡跟鮮奶的搭配，有很多學問，姚致宇要懂鮮奶，也要懂咖啡，才能為這些獨立咖啡店提供專業的諮詢。

姚致宇自掏腰包上了不少咖啡的課程，充實自己的相關知識，在他的用心經營下，鮮乳坊爭取到不少得獎咖啡店的支持。這些得獎的咖啡師，不少也是咖啡講師，他們用鮮乳坊的產品，會有示範的效果，對於鮮乳坊在咖啡界的影響力，也會帶來加分。

姚致宇家族出身雲林莿桐，有一天，叔叔告訴他，家鄉有間咖啡店在尋找優質的牛奶，於是鮮乳坊便多了一個合作夥伴——芒果咖啡。

不會搶走咖啡風味的牛奶

隱身在雲林鄉間的芒果咖啡，店面不特別顯眼，坐鎮的老闆廖思為、老闆娘王琴理，來頭卻不小，除了在各項咖啡大賽中獲獎無數，也是咖啡教學、創業輔導與規劃課程的講師，在咖啡界有著響亮的封號：「芒果國王」、「芒果女王」。

廖思為解釋，芒果咖啡的第一家店，開在他的母校正心中學，因為校園種有芒果樹，而取其名。當時做的是學生的生意，負責招呼學生的王琴理被暱稱為「女王」，「我是女王的老公，跟著沾光，才當上國王，」廖思為笑道。

高雄醫學大學藥學系畢業的他，入伍前夕，在咖啡烘焙廠打工，從此走進了咖啡的世界。他靠著自學，練就出絕佳的烘豆技術，進而鑽研調豆（Blend）的藝術，將多種豆子調配出獨特的風味。

像芒果咖啡的招牌「鄉巴佬」，以雲林特產柳丁，以及鄉下人的厚實有料為表現主題，將五〇％衣索比亞水洗耶加雪菲，結合五〇％中南美洲混合豆，並在烘豆時刻意柔化香氣，強調耶加雪菲的柑橘味，再以中南美洲豆的巧克力味，做為餘韻，可說是以咖啡豆的風味編曲、作畫。

正因為對風味很敏銳，廖思為對咖啡所搭配的牛奶，也相當重視。他坦言，過去牛奶都是強調「濃、醇、香」，用在咖啡上，反而會太「搶戲」，然而，由於可選擇的牛奶不多，他只能藉著加強咖啡的風味，去跟牛奶達成平衡。

鮮乳坊的出現，讓他找到不同的牛奶選擇，經過各種測試，選用了口味清爽的嘉明鮮乳，做為搭配咖啡的牛奶。

除了姚致宇定期拜訪，定居雲林的龔建嘉也三不五時就會到芒果咖啡坐坐，聆聽使用者對鮮乳坊產品的想法，廖思為則透過將牛奶打發、或是搭配咖啡飲用的方式，解釋選用嘉明鮮乳的原因。在他眼中，鮮乳坊不只想當供應商，還希望從使用者角度，更深入了解自家產品，團隊成員會來雲林向他請益，他也曾到台北為團隊上課，雙方持續著良性交流。

在二〇一八年台灣國際茶酒咖啡展中，鮮乳坊便找來芒果咖啡合作，以超級深焙咖啡豆、許慶良鮮乳、艾雷島威士忌，製作了一款威士忌拿鐵，並搭配了一串「下酒菜」，以玫瑰肝腸和醃漬蘿蔔來解拿鐵的膩，是別具巧思的創意。

另外還有一款紅棗拿鐵，也是使用許慶良鮮乳，搭配的是雲林西螺米製作的米香，為西方的咖啡增添了台式的趣味，受到現場消費者不少好評，被問到如何做出這麼好喝的拿鐵，他的回答是：「因為牛奶的品質很棒。」

投入咖啡產業超過十七年的廖思為，擁有絕佳的風味鑑賞能力，因此龔建嘉便請他協助「品牛奶」，做為鮮乳坊未來推動「莊園鮮乳」品評系統的基礎。

龔建嘉有個大膽的構想，他想仿照世界三大飲品：咖啡、茶、酒強調單一產區、獨特風味的概念，發展「莊園級」鮮乳，讓鮮乳成為可鑑賞、可品玩的飲品。咖啡、茶、酒的品評系統已行之有年，鮮乳坊要在「濃、醇、香」之外，對不同產區的鮮奶，建立風味特色的描述，是一項很大的工程。

「莊園鮮乳」的概念，不少是從「精品咖啡」轉換過來。廖思為和王琴理曾多次拜訪國外的咖啡產區，他們在「精品咖啡」上的專業知識，也成了龔建嘉最好的諮詢對象。

一鍋打盡雲林在地好滋味

在廖思為和王琴理合著的《出杯的勝負！》中，有一段這樣的描述：「在尋常的開店日子裡，結束了大清早忙碌，賣菜的阿桑、送貨的阿伯，收完攤順道過來喝一杯，成了莿桐店的日常風景。」

以水果行、老藥商的經營風格開咖啡館，讓咖啡走進在地庶民的生活，是芒果咖啡成功扎根雲林鄉間的關鍵，小小的店面交流著人情，也匯集了資訊，雲林縣內有哪些優質的農產品，廖思為瞭然於心。

某一天，他和龔建嘉在閒聊間，談起了開火鍋店的可能性，龔建嘉想做牛奶鍋（可解決冬天牛奶產量過剩的問題），廖思為則有意嘗試咖啡鍋，因此促成了「得食農鍋」。

二〇一八年開幕的「得食」，是鮮乳坊和芒果咖啡、習習設計的跨界合作，地點選在古坑綠隧驛站，店名取自台語的「著時」，意指跟著時令呷好食。

「得食」提供牛奶、咖啡兩種湯頭，前者用的是嘉明鮮乳，後者則是手沖古坑咖啡，搭配的食材有雲林縣大埤鄉的「究好豬」、斗南鎮芸彰牧場的台灣牛、斗六市的桂丁土雞、水林鄉好蝦囧男社的水產、口湖鄉的台灣鯛、雲林各地的履歷蔬菜，米則是斗南農會精米工場處理的台南十一號米，連醬油都很講究，是御鼎興純手工柴燒黑豆醬油。

這次的合作，也是鮮乳坊往實體店面的一次投石問路，透過牛奶鍋的推廣，為消費者一「鍋」打盡雲林在地好滋味，並傳達食物、土地和人的連結，展現鮮乳坊對在地農民的支持。

「得食」開幕後，獲得不錯口碑，知名主廚江振誠曾經過來用餐，也給了正面的評價。不過，受到二〇二〇年疫情影響，加上租約到期，「得食」暫時畫上休止符，待日後找到適合的地點，就會捲土重來。

鮮乳坊跟芒果咖啡的合作，也從商業延伸到公益活動上。芒果咖啡目前有兩家門市，積極和當地的社區建立連結，像高雄孔廟店每年都會舉行兒童手沖咖啡比賽，除了推廣咖啡文化，也能增進親子關係，比賽用的牛奶就是由鮮乳坊贊助。另外，廖思為也不時會跟著華山基金會去社區關懷長輩，教他們手沖咖啡，老人家如果喝不慣黑咖啡，還可以搭配鮮乳坊贊助的嘉明鮮乳。

兒童、老人，本來都不算是咖啡的主要受眾，為了拉近他們跟咖啡的關係，牛奶就是不可或缺的角色。咖啡和牛奶相輔相成，芒果咖啡和鮮乳坊的合作，就像是好的咖啡和好的牛奶，可以為彼此加分。

另外，為了在鄉下賣精品咖啡，芒果咖啡累積了極強大的戰鬥力，可以賣餐點、賣伴手禮、辦活動，在各領域都有人脈。當鮮乳坊合作的店家，需要找好的農產品，就可以透過芒果咖啡，介紹雲林優質的農產品供應商。

芒果咖啡賣咖啡，鮮乳坊賣牛奶，然而他們同時也扮演資源串聯的平台，促成各種合作機會，讓更多在地好農出頭天。

Chapter 20

從供應鏈到價值鏈

通路是產品銷售的管道，站在供應商的角度，上架的通路愈多，產品獲得消費者青睞的機會愈大，多多益善，何樂不為？

然而，鮮乳坊並不這麼想。

他們是家中小型的乳品公司，推出的每一支鮮奶都是單一乳源，每家牧場的乳量有其上限，因為有這些限制，鮮乳坊必須根據產品的特性，在不同的實體通路中，找到最佳的戰場：豐樂鮮乳是超市，嘉明鮮乳是超商，幸運兒鮮乳主要供應連鎖咖啡品牌，許慶良鮮乳跨足了超市、手搖飲門市，最新加入的雙福鮮乳和桂芳鮮乳，也分別進駐量販店與超商。

即使鮮乳坊好幾支品牌都在超市上架，為了在個別通路中保持獨特性，比較少在同一個通路上架不同牧場的鮮乳，加上每個牧場的風味各有特色，也受到不同族群的消費者喜愛。每個通路都有不同的供貨要求，必須付上架費，並配合各種促銷活動，缺貨還可能有罰則，鮮乳坊鎖定有限的

逐漸茁壯的路上，鮮乳坊鐵三角著眼的始終不是「能多賣幾瓶奶」，他們更看重能為這塊土地創造多少價值。

通路，把資源花在刀口上，讓每支產品在所屬的戰場上，都有最好的表現。

在合作中創造更多價值

郭哲佑相信，與其找很多通路合作，但是關係都很淺，不如找理念契合的通路，發展比較深入的關係。鮮乳坊把自己定位成「解決方案」的協力者，除了提供最好的產品和原物料，也盡力滿足客戶的各種需求，包括找政府補助、找設計人才、想了解如何集資，或是想進修企管課程，這當然跟郭哲佑喜歡交朋友的特質有關，在雙方合作中創造更多價值。

就像交朋友一樣，志同道合，自然就會走得比較近。鮮乳坊跟好幾個知名通路合作相當緊密，理念獲得大老闆的支持是主因。但是，落實到執行面，則是兩邊的團隊在合作，仍然得進行大量的溝通，從一次又一次的磨合中，建立起共識。

舉例來說，二〇一九年，鮮乳坊第一次跟全家合作小農拿鐵的活動，站在通路的立場，當然是希望販賣的門市愈多愈好。當時配合使用的是嘉明鮮乳，單一牧場實在撐不起太大的量，當時雙方就做了不少溝通。隔年再推出相同的活動時，便改用乳量較充足的豐樂鮮乳。

與家樂福的合作，更不只是產品的上架。鮮乳坊先是受到家樂福文教基金會倡議「食物轉型計畫」吸引，主動邀請執行長蘇小真親自造訪牧場，了解乳牛的生活環境，並討論到雙方在動物福利方面合作的可能性，才展開比一般通路和供應商更深刻的連結。

鮮乳坊想打造的合作關係，不只是供應鏈，而是價值鏈。他們定期為合作的通路、店家教育訓練，說明鮮乳坊是家什麼樣的牛奶公司，以及「獸醫把關」、「單一乳源」等訴求所代表的意義。只有獲得第一線採購人員的認同，才能真正形成價值鏈，進而影響整個產業，形成共好的生態圈。

Part

5

鮮乳坊共好學❸ 與團隊共好

不只是一家牛奶公司

鮮乳坊召集志同道合的夥伴，
公司發展和個人成長雙軌並行，
即使不同背景、特質，
都有機會在鮮乳坊施展所長，
找到自己的舞台。
以信任為基礎，
鮮乳坊鼓勵夥伴勇敢嘗試，
「快快做，快快錯，快快改」，
即使犯錯，
也視為一種學習。
鮮乳坊總是能把「關心」做到「窩心」，
這不只是一家牛奶公司，
也是夥伴感受歸屬感、幸福感的地方。

Chapter 21

多元包容，每個夥伴都有舞台

鮮乳坊成立以來，搬過好幾次家。二〇二〇年，他們搬進了第五個的家。這間位於新北大道上的新辦公室，特別設置了開放式廚房，及中島用餐區。

每近中午時分，廚房便開始傳來飯菜香，幾位團隊夥伴分工合作，有人攪動大骨熬煮湯汁，有人忙著把切好的蔬菜下鍋。中島桌面上，已經擺出了大鍋白飯，和一大盤南洋風的雞肉料理。

當一切就緒，原本埋首於工作中的夥伴，陸續從座位起身，圍繞著中島區用餐。這是鮮乳坊的夥伴福利之一，免費的午餐由公司出資，夥伴輪班掌廚（大家工作太忙時，則有煮飯阿姨來幫忙），有個很典雅的名稱，叫作「御膳房」。

負責排班的柯智元，也是「御膳房」的發起人。他是鮮乳坊創業元老之一，經歷過草創時期的昏天暗地。當時大家都忙得沒時間外出用餐，只能叫便當裹腹，吃來吃去都是那幾種口味。柯智元本身愛做菜，有一天他實在受不了，就利用公司的小廚房做些簡單的料理，之後陸續有同事找他搭伙，人數愈來愈多，就在公司的支持下，成為平日中午固定開張的「御膳房」。

只要有興趣，團隊任何人都可以加入「御膳房」，菜色由掌廚者自己決定，柯智元則會根據每個人的特色去排班，因此每天的菜色都有變化。「御膳房」就像是個平台，中式、西式，或是任何一種異國風的菜式，都有機會端上桌，眾人大快朵頤，掌廚者也很有成就感。

從某個角度看，鮮乳坊也像是個放大版的「御膳房」。龔建嘉有著開創者的反骨性格，即使開的是一家農產品公司，他也不想複製傳統的組織模式——權力由上而下，每個人都在設定的框架中行事，員工的存在只為了成就公司。

鮮乳坊走的是扁平化組織，公司就是打造一個大型平台，召集志同道合的夥伴，不問「你該做什麼」，而是「你想做什麼」，只要符合鮮乳坊的願景和理念，公司就會提供協助和資源，公司發展和個人成長雙軌並行，夥

鮮乳坊

Taiwan

伴成就公司的同時，也成就了自己。

鮮乳坊不想「馴服」員工成為千人一面，而是鼓勵每個夥伴做自己。這家牛奶公司展現了極大的多元包容力，不同背景、特質的人，都有機會在鮮乳坊施展所長，找到自己的舞台。

創辦「御膳房」的柯智元，就是一個很好的例子。

主動投資夥伴發展專長

按照先來後到的順序，龔建嘉、林曉灣、郭哲佑之後，鮮乳坊第四名夥伴，就是柯智元。

他跟龔建嘉同年，升高中那年，因為到加拿大遊學，兩人住同一個住宿家庭而結緣。之後龔建嘉去中興念獸醫，柯智元進政大讀廣播電視，並在音樂創作上嶄露頭角，在歌手盧廣仲還沒走紅前，兩人曾經一起做音樂。柯智元跟龔建嘉雖然走的是截然不同的路，但是他一直很欣賞這位很有想法的老朋友，多年來一直保持著聯絡。

學生時代，柯智元就是公民運動的參與者。當他從英國學成歸國，正好得知鮮乳坊的集資計畫，他很認同鮮乳坊改革產業的理念，主動表示願意加入，音樂人和獸醫又有了交集。

一開始，柯智元在音樂、多媒體的專長，很難在鮮乳坊找到切入點，主要就是幫忙接客服電話。當時，公司有專業的客服人員，柯智元就坐在旁邊，聽同事如何在電話裡應對、解決客人的問題。他天生聽力敏銳，很快就掌握電話客服應有的語調，並模仿得有模有樣。當這位同事離開後，柯智元就完全接手客服工作，一做就是三年。

柯智元不諱言，客服工作就是「挨罵」，每天從電話那一端，湧來滿滿的負面情緒，做久了也會心情黯淡，他也一度動念想要離開。後來他轉換角度思考，把自己當成音樂製作人，鮮乳坊就是他旗下的藝人，製作人就是要想辦法讓觀眾愛上藝人，他每天接這些電話，其實也是讓消費者愛上鮮乳坊，如此一來，他內心就舒服多了。

當鮮乳坊開始需要自媒體的內容，小公司資源有限，沒辦法每支片子都委託專業的製片公司，有點影音基礎的柯智元，就自告奮勇幫忙，白天從事客服工作，然後利用下班時間剪片、做配樂，雖是蠟燭兩頭燒，他也甘之若飴，「我從來不把鮮乳坊當成一份賺錢的工作，鮮乳坊就是我的事業。」

柯智元拍片完全靠自學。為了在各種通路社群進行推廣，鮮乳坊有很多影片的需求，經常是柯智元在十萬火急下，完成任務。原本是音樂製作人的他，開始朝紀錄片導演發展。二〇二〇年下旬，鮮乳坊進行人力盤點，郭哲佑跟每個人討論職涯規劃，知道柯智元想拍紀錄片，就主動提議，介紹他認識導演游志聖。

游志聖製作過多部行腳節目，紀錄片作品「誰謎了路」還拿下了二〇二〇年金鐘獎。在郭哲佑的牽線下，柯智元跟著游志聖學習拍片，這段期間，鮮乳坊照樣支薪。

當朋友知道柯智元得到的待遇，都會問他：「公司在你身上投資，一定有跟你簽約，限制你幾年內不能離職吧？」事實上，柯智元和郭哲佑都沒有想過這件事，公司和夥伴之間的信任就是這麼深厚。

柯智元的第一部紀錄作品「通道」，就是以龔建嘉為主角，描述台灣大動物獸醫的處境，入圍了新北市紀錄片獎的前十二強。

從客服主任到影音製作，柯智元找到了自己在鮮乳坊的定位，就是成為一個為鮮乳坊說故事的人。

全公司聯手「騙」他去度假

鮮乳坊是家新創企業，初期就是靠一群義勇軍打天下。他們都很年輕，也沒有太多職場經驗，因為認同理念，全心投入工作之中，把鮮乳坊當作自己的事業在拚搏。當時，公司規模小，成員人數也不多，無法做太嚴謹的分工，每個人都必須多功能，以解決問題、完成使命為第一要務。

綽號「阿牛」的賴冠延，因為「即戰力」太強大，很長一段時間，公司找不到最適合他的職稱。賴冠延現在是營運團、銷售團的團長，跟三名創辦人同為鮮乳坊主要決策者。

有人說賴冠延是天才，也有人形容他是奇葩。他不愛念書，學生時代念的是放牛班，高中也沒念完，靠著同等學歷進入淡大機電系。雖然跟書本無緣，賴冠延其實相當聰明，他凡事好奇，有疑必問，小時候幾乎拆遍了家中的電器。他觀察敏銳，總是在思考，如何優化細節，把事情做得更好。

鮮乳坊第一批鮮奶出貨，賴冠延是配送員之一。當時他幫朋友的忙，在厚生市集打工，對於怎麼改善配送流程，提出了建議。朋友認為他的特質適合進新創團隊，就推薦他到鮮乳坊。他先在倉庫包貨，做了一、兩個星期，對於如何提升包貨的效率，也有建言，林曉灣知道後，就找他過來當特助。

一開始，林曉灣也不知道怎麼用他，只好安排他跑跑腿，幫大家買便當。沒事時，賴冠延靜靜坐在旁邊，觀察林曉灣怎麼工作。他大約看了一個星期，就主動告訴林曉灣，有哪些例行工作，他可以幫她分擔，減輕了林曉灣不少工作量。

賴冠延不是奉命行事的人，他想要把事情做好的用心，有時超出了職權，在傳統的企業中，很容易踩到權力的雷區。然而，鮮乳坊是新創團隊，三名創辦人都不是權力控，提供了賴冠延很大的發揮空間。當龔建嘉在南部照顧牧場，郭哲佑跑外頭開發業務，就是賴冠延幫著林曉灣，像是製陶一般，將鮮乳坊這家公司慢慢捏出形狀。

比方說，鮮乳坊一開始是用Excel處理訂單，某天出了大事，寄件名單的姓名、地址、數量等資訊，全部亂了套，抱怨的客服電話接不完。收拾殘局後，公司意識到必須建立一套完善的官網系統，任務自然就落在林曉灣和賴冠延身上。不少企業的做法是購買現成的「模板」，再根據自己的需求去修改，但是鮮乳坊當時並不知道可以這麼做。賴冠延跟林曉灣都沒有系統開發經驗，就是憑著一股蠻勁，以土法煉鋼的方式，硬是把有電子商務機制的官網做出來。

在擔任營運團團長之前，賴冠延是被放在機動組，基本上就是救火大隊，哪裡有狀況，就趕去救援。這是一般人避之唯恐不及的苦差事，賴冠延卻樂此不疲，因為他是用打遊戲的心態來面對工作。

賴冠延學生時期會打線上遊戲，還賣過虛擬寶物賺錢。現在他不打線上遊戲了，因為他從工作中，找到更大的刺激和成就感。「在工作中，你一樣需要破關、殺怪，愈是不容易破的關，不容易打倒的怪，當你拿下勝利，成就感就愈高，」賴冠延說。

他是為了成就感而工作，經常以公司為家，夥伴們都看在眼中。某天，郭哲佑要他去桃園機場開會，當他抵達機場時，看到一票同事，還有一個行李箱。原來，公司體恤他工作辛苦，很久沒休假，就送他到日本度假一星期。為了給他驚喜，同事全程保密，故意把他當週的行程約滿，不讓他做其他的安排，還跟賴冠延的家人串通，事先幫他打點好行李。

眾人用盡心思，就是為了讓他可以好好休個假。每次回想起同事在機場為他送行的那一幕，暖心指數破表，賴冠延仍感動不已。

身為鮮乳坊重要的幹部之一，賴冠延定位自己的功能，就是建立團隊的文化。「我想把鮮乳坊打造成一個遊樂園，帶領夥伴以破關、打怪的角度，積極面對工作中每一個挑戰和任務，」賴冠延說。他自己就是最佳遊戲王，每一次的過關斬將，不論是對團隊，或是對個人，都是再一次的升級。

發揮創意，把理念傳達出去

做為一家年輕的牛奶公司，鮮乳坊總是不缺生猛有趣的行銷點子。初期實體通路不多，靠著地瓜店、書局、補習班、寵物美容店等「非典型通路」，開放他們的冰箱，幫鮮乳坊賣了不少鮮奶。鮮乳坊稱這些店家為「奶頭」，並發給了可以配戴在胸口的「奶頭徽章」。鮮乳坊還出過一款「直腸觸枕」，手可以直接伸進牛的肚子取暖，還相當受到歡迎。

這些創意的發想人是現任品牌團團長劉容君，她笑道：「一開始只是搞笑，但是鮮乳坊是個很開放的地方，內部評估過沒有太大問題，就會試著做做看。」

劉容君是鮮乳坊第七號夥伴，因為之前待過廣告投放公司，她一進來就接下了粉絲專頁小編的工作。龔建嘉很重視品牌對外傳遞的訊息，每則貼文的用字遣詞，都是兩人反覆推敲才定案。他們花了近三年的時間磨合，鮮乳坊的品牌形象也逐漸清晰：「我們就是消費者的好朋友，跟他們分享鮮奶、牧場相關的點點滴滴。」

小編除了要貼文，也要回覆訊息，有時候一個線上的活動，湧進一、兩百則留言，劉容君根據每一則留言「客製化」回覆，連龔建嘉都嘖嘖稱奇。「我真的是用對待朋友的態度，在回覆他們的訊息，」劉容君說。而她的用心，讓很多人成為鮮乳坊的「鐵粉」。

鮮乳坊早期人力有限，每個人經常得身兼多職。劉容君除了負責社群，做線上客服，還要協助訂單，必要時跟大家一起去倉庫包貨。當公司快速發展，她的工作內容也愈來愈雜，從各種線上、線下的活動，到公關、異業結盟、品牌合作，還有一些無法歸類的業務，也被劃入行銷的責任區。

劉容君的團隊不大，前五年只有她和兩名同事，扛下了打造品牌的重責大任。他們不只是賣牛奶，還要改變消費者對食物的看法，認同公平交易、友善動物等理念，進而支持品牌，將鮮乳坊的訴求推廣出去。

站在與消費者溝通的第一線，劉容君與她的團隊就經常面臨許多還不認識鮮乳坊的群眾質疑「為什麼你們牛奶賣那麼貴？」「你們的牛奶跟別人有什麼不一樣？」劉容君表示，這時不能只想宣傳自己的理念，而是必須從消費者的角度出發，從他們最在意的點切入。她觀察到，許多消費者雖然在乎食品安全，但卻不了解鮮乳的製作流程，耐心解說之後，消費者才知道原來「單一牧場」與一般大廠的混奶差異何在，也才了解要做到「單一牧場不混奶」必須有獨立的奶車和管線，這些都會反應在成本上。不卑不亢，溫柔堅定與不同立場的消費者理性對話，讓鮮乳坊逐漸獲得消費者的認同，在市場站穩腳步。

劉容君的工作雖然以行銷為主，仍然承擔了部分的銷售業務，這不是她所擅長的領域，做起來一直有壓力。二〇二〇年，她接下品牌銷售團團長一職，除了做品牌，還要帶銷售，業績壓得她喘不過氣來，但是她隱忍著不說。後來有夥伴幫她說話，公司內部討論後，卸下劉容君的業務負擔，讓她可以專注於品牌經營上。

在鮮乳坊，「人」是最重要的事。當劉容君陷入低潮時，公司願意給予空間，等待她慢慢整理好心態。重新聚焦後，劉容君期許自己持續發揮源源不絕的創意，將更多的品牌價值傳遞給消費者。

「客製化」職務，打造發光舞台

如同許多新創公司，鮮乳坊在快速發展時，新的挑戰也相繼而來。

鮮乳坊過去都是靠溝通，而非權力，來推動各項業務的執行。然而，隨著業務的成長，鮮乳坊從原本的小團隊，開始進行擴編，夥伴人數不斷增加，公司規模變大了，內部溝通便不如以往順暢，影響團隊的信任和向心力。

為了傾聽夥伴的心聲，公司設有匿名申訴信箱，名為「地獄列車」，因為公司組織是倒三角形結構，所有夥伴位於最上層，要向執行長申訴心聲，就把意見傳到最底層之意，非常有創意。只要掃貼在廁所的QR Code，就能留言表示意見，公司會做出回應。另外，勞方代表陳宗聖一年進行兩次的勞工意見調查，也有助於公司了解夥伴真正的想法。

陳宗聖原本就是鮮乳坊的「鐵粉」，他認同鮮乳坊推動公平交易的理念，很想加入這個團隊。他第一次投履歷時，當時公司主要在找送貨的「奶哥」，沒有適合他的職務。後來，他去聽了龔建嘉的演講，十分感動，便傳訊給郭哲佑，無心之舉，讓他如願以償，成為鮮乳坊的一員，一開始在訂單組，現任職於執行長室。

陳宗聖畢業於社會學研究所，訂單組的工作雖能勝任，卻不是他真正能發揮所長的舞台。工作兩年後，他有了離開的念頭，卻在此時成為勞方代表，讓他找到了自己在這家公司的價值。

根據勞基法，事業單位必須選出勞資雙方代表，每三個月開一次勞資會議。鮮乳坊的勞方代表有三位，由於其中一位離職，就由陳宗聖遞補。當時勞資會議最重要的議題，就是變形工時。

鮮乳坊有很多促銷活動都在假日，為了行銷、業務人力的調度，公司有意採用變形工時，夥伴之間，對此出現不同的聲音。陳宗聖有社會學背景，他參考台灣歷年來勞工相關研究，根據鮮乳坊內部的狀況，設計出勞工意見調查的問卷，洋洋灑灑六十至八十題。陳宗聖再將調查結果進行分析，把公司內部結構性的問題點出來。

「勞工意見調查並不是要製造勞資對立，而是發掘潛在問題，並加以解決，」陳宗聖強調。他每半年進行一次勞工意見調查，工時和身心健康兩大主題輪流交替，完成結果分析後，會先向夥伴們發表，然後才向三位創辦人報告。

勞工意見調查揭露出夥伴對公司的想法，然而，要理解這些想法形成的原因，需要知識做為工具。因此，陳宗聖又善用了他另一個專長——開讀書會。他帶著林曉灣，以及人資相關的幹部，每兩個星期一次，以大約一年一本書的進度，陸續閱讀了《象與騎象人》（*The Happiness Hypothesis*）、《我愛身分地位》（*Status Anxiety*）、《推出你的影響力》（*Nudge*）等書，內容跨越了心理學、哲學、經濟學，參加讀書會的幾位夥伴都覺得很有收穫。

鮮乳坊給夥伴很大的工作彈性，陳宗聖在訂單組時，只要做完分內工作，他就利用時間做了台灣酪農產業的數據研究。二〇二一年年中，經過他的提議，公司同意他轉換職務，擔任郭哲佑的資訊幕僚，分析系統累積的各種數據，做為公司進行決策的參考。

陳宗聖曾經在非營利組織上過班，工作不外就是聽命行事，他剛來鮮乳坊時，也沒有明確的定位。然而，鮮乳坊鼓勵夥伴發展「想做的事」，透過不斷的摸索和累積，「想做的事」跟公司的發展對接上了，個人的價值也就彰顯出來。

不論是對酪農、合作通路，鮮乳坊都是根據對方的需求，提供「客製化」

服務。對於團隊夥伴的發展，公司也是量身打造，幫他們找到最適合的位子。鮮乳坊可以聚集一群南轅北轍的人，因為他們在這裡，不只是擁有一份工作，還是一個可以發光發熱的人生舞台。

Chapter 22

從窗口到夥伴，力量更強大

二〇一五年，鮮乳坊橫空出世。三名創辦人都沒待過牛奶公司，連管理經驗都很有限。隨著第一批鮮乳出貨，公司開始快速發展，對人力的需求也愈來愈大。新創公司百廢待舉，等不及按部就班徵才，郭哲佑在外開發業務時，也順便找人，然後交由林曉灣面談，通過她這一關後，成為鮮乳坊的生力軍。

內部推薦一直是鮮乳坊很重要的用人管道，其中有好幾位，來自鮮乳坊合作單位的窗口，因為認同理念，選擇鮮乳坊做為下一個戰場，陳虎震就是其中之一。

在鮮乳坊，大家都叫陳虎震「虎哥」。退伍後，他從機車配送員做起，在知名物流公司一待就是十年，當到了部門的主管。後來陳虎震透過教會長輩認識龔建嘉，毅然轉戰這家當時才成立不到一年的小公司。

資深物流，變身業務戰將

陳虎震剛加入時，鮮乳坊的儲運系統還很陽春，只有一輛機車、一輛小型冷藏車，他花了三年布局規劃，建構出完整的物流團隊，有五輛大型冷藏車、三輛小型冷藏車，應付鮮乳坊本身的配送需求，已綽綽有餘。

陳虎震將過去的儲運所學，在鮮乳坊充分發揮，然而鮮乳坊畢竟不是物流公司，幾位創辦人擔心，公司的規模會成為陳虎震成長的天花板。根據「阿牛」賴冠延的觀察，陳虎震個性爽朗，容易跟人打成一片，有從事業務工作的潛力，便主動提議：「虎哥，你的儲運已經做得非常好，要不要來嘗試挑戰當業務？」

當時，陳虎震在儲運部門的工作很穩定，轉換戰場其實有風險，但是他考慮之後，決定接受建議，因為他知道，鮮乳坊是家鼓勵夥伴大膽嘗試的企業。

一開始，陳虎震其實不是很適應。這裡雖然有三位創辦人，卻沒「老闆」的權威，他們不畫地自限，只要對公司的發展有利，任何想法都有機會試試看，即使出錯也沒關係，甚至還把犯錯當作一種學習的方式。郭哲佑有句名言：「快快做，快快錯，快快改。」就讓陳虎震印象深刻。因為這樣的企業文化，陳虎震願意走出舒適圈，放手一搏。他一邊培訓儲運的接班人，同時也開始接手家樂福的業務工作。

陳虎震在業務的經歷原是一張白紙，慶幸的是，他有郭哲佑這樣的業務高手從旁輔導。他從郭哲佑身上學到兩個重要的業務心法：一是眼光放遠，不必急著成交，而是先從朋友做起，而且要思考的是，如何透過合作，讓兩個企業都能獲得加分；二是以時間換取空間，相信「戲棚腳站久了就是你的」。

隨著跟家樂福的合作步上軌道，陳虎震主動向公司提議開發「團購」市場，並獲得了支持。他從資助企業教育訓練的鮮乳做起，跟人資部門打好關係，爭取到企業團購的訂單，版圖逐漸擴大到醫院、學校、公家機關。團購不但能增加營收，當庫存太多，還能及時消化，避免浪費。

除了團購，陳虎震手上還負責經銷，以及二〇二〇年開始合作的全聯。鮮乳坊給了陳虎震開創新局的機會，他也轉型成功，成為獨當一面的業務戰將。

中年轉業，發掘全新的自己

不論是跟酪農合作、跟通路合作，鮮乳坊都秉持「共好」的原則，盡力為對方創造價值，對待團隊的夥伴，也是如此。

傳統企業講「人力資源」，鮮乳坊則講「人才資產」，前者強調「用才」，後者則更重視「養才」。「人才資產」必須透過「加值服務」，才能成為「人才資產」。

鮮乳坊除了是家牛奶公司，也自許為人才培育的平台。鮮乳坊幫助團隊夥伴成長和升級，即使過去已累積了相當的職場經驗，他們也能在鮮乳坊發掘全新的自己。

以張智淵為例，他待過電腦公司、台灣主婦聯盟生活消費合作社（以下簡稱「主婦聯盟」），也自行創業過，二〇一九年加入鮮乳坊，成為業務組的一員。

他任職於主婦聯盟時，負責的是產品開發。當時主婦聯盟想引進一款鮮乳，就對市面上的產品進行了評比。主婦聯盟對於商品的品質，一向有著極高的標準，他們深入各品牌的產地，了解了生產的過程後，選擇了鮮乳坊的豐樂鮮乳。張智淵是主婦聯盟對鮮乳坊的窗口，對這家公司有著很好的印象。

因為過去沒有業務經驗，公司安排張智淵從小型零售商開始做起，邊做邊學。一開始是業務組的夥伴輪流帶著他跑，郭哲佑也提供了他的行程，張智淵想參與任何一場會議，都可以同行。業務組的組長姚致宇會出功課給他，要他以兩分鐘、五分鐘、三十分鐘三種版本，向客戶介紹鮮乳坊，經過四次的演練，姚致宇才放行過關。

他算是中年轉業，加入鮮乳坊時，已經三十七歲，從一個業務新手，在公司的各種「加值服務」下，在業務這個領域，逐漸站穩了腳步。除了各大有機零售通路，鮮乳坊第五個品牌雙福鮮乳，在大潤發上架，也是交給張智淵負責。

張智淵個性謹慎，加上多年職場經驗，應對進退總是小心翼翼，不會輕易發言、表態。鮮乳坊有話直說的企業文化，張智淵一開始很不習慣。

他之前服務過的公司，都屬於比較傳統的組織，上下位階分明，內部資訊流通權限明確。他來到鮮乳坊後，參加第一次大會，聽到龔建嘉向全公司公布財報，張智淵感到不可思議：「這種事情是可以讓大家都知道的嗎？」

資訊透明化，是團隊建立信任的的第一步。張智淵發現，在鮮乳坊所形成的信任氛圍中，大家都能對事不對人，真誠說出心中的想法，也願意聆聽別人的意見。他在適應的過程中，也逐漸敞開心胸，真正融入團隊，成為鮮乳坊的一份子。

類似的轉變，也發生在訂單組組長李筱茜身上。

從獨善其身，到重視「人」的價值

擔任主管，是李筱茜為自己設定的階段性目標。她原本服務於物業公司的型錄銷售部門，那是家以男性為主導的企業，女性很難出頭天。加入鮮乳坊後，她如願開啟了管理的經驗，除了帶領訂單組，還會主動扮演「媒人」，為組員引薦其他部門更適合的職務。

李筱茜解釋，訂單組的工作性質接近業務助理，入門較為容易，可以在短時間內進入狀況，經常是新人加入鮮乳坊的第一站。不過，訂單組工作內容變化較少，她擔心會限制組員向上發展的空間，當公司內部出現更好的機會，她很樂意幫忙媒合。

舉例來說，她觀察組內的夥伴杜秉祐很關心他人，對於組織的氛圍感受敏銳，私下也經常傾聽其他夥伴的心事。李筱茜認為，杜秉祐的特質適合從事人資，當她得知人資在找人，就推薦了杜秉祐。有趣的是，她找杜秉祐談論職務的異動，他才透露自己也有意轉為人資，只是擔心會對李筱茜造成困擾，遲遲沒有開口。

李筱茜甚至還會「超前部署」。有一次她在面試新人時，發現對方有品質管理的專業背景，當時鮮乳坊並沒有釋出相關職缺。她根據公司的發展狀況，預料很快就有品管人才的需求，就先將對方納入訂單組。果然沒多久，品管的職缺就開出來了，這位夥伴林慧怡也在李筱茜的撮合下，去從事她所擅長的品管工作。

每次將旗下組員引薦到其他部門，李筱茜就得再找新人來補人力的缺口。然而，她相信把對的人放在對的位子，不論是對夥伴、對公司，都是最好的安排。

然而，來到鮮乳坊之前，她其實是個獨善其身，跟人有距離感的人。

李筱茜的前東家作風傳統，主管職稱不能叫錯，早會要呼口號，但是她對於公司所標榜的企業文化，並沒有太多感覺。在鮮乳坊，「老闆」不擺架子，沒有形式主義，仍然能凝聚了強烈的向心力，因為這家公司在乎每個人。

受到團隊氣氛的影響，李筱茜發現自己改變了不少。她變得更溫情，更樂意與夥伴交流，對於擔任主管這個角色，她也有更深刻的體會，「制度雖然很重要，要做好管理，仍然要回到人的身上。人對了，事情就能做對。如果我未來朝管理職繼續發展，我最重視的，一定還是人的價值。」

什麼是「鮮乳坊的樣子」？

杜秉祐形容自己像「變色龍」，可以靜靜當個聆聽者，也可以是團體中的開心果。他總是關注著周遭人們的狀況，從細微處洞悉人心。他在訂單組服務了近三年，在李筱茜的引薦下，轉換到人資組。

杜秉祐沒有人資相關背景，但是公司相信他的暖男特質，可以把人資工作做出自己的風格。他接下了招募和訓練的業務，新人第一關面試，他都會參與。除了了解專業能力，杜秉祐會從求職者的言談中，觀察對方有沒有「鮮乳坊的樣子」。

他為「鮮乳坊的樣子」所下的注解，就是「善良」。杜秉祐曾經是天仁茗茶對接鮮乳坊的窗口。他在天仁茗茶待了九年，因為職業倦怠，考慮轉換跑道，先辦了留職停薪，然後到鮮乳坊客服做了兩個月的兼職。九年的年資畢竟累積不易，是否該跳入一家新創公司，杜秉祐並不是百分百確定。

他以兼職者的身分，參加了每週的大會。某一次，龔建嘉上台，跟全公司談年度分紅的問題。他希望徵求大家的同意，讓在該年度離職的夥伴，也可以獲得分紅。現場沒有人反對。就在那一刻，杜秉祐心中有了答案：「這就是我要待的公司。」

檢視一家企業的本質，就是它如何對待人才。鮮乳坊在乎每位夥伴的付出，即使有人離開了，公司仍然感謝他們的付出，除了該年度的分紅，不定期也會寄贈禮盒。鮮乳坊以善良為本，珍惜每一場合作的緣分，並不吝回饋。

善良是鮮乳坊的企業DNA，從招募時找「對的人」開始，到團隊內部氛圍的營造，都是為了建立「好人團隊」。為了啟動善的循環，在鮮乳坊每週舉辦大會前，會發給每個人小卡片，寫下這個星期幫助過自己，或是自己最感謝的夥伴，大會的前十到十五分鐘，會有人唸出這些內容，一個月累積下來，被感謝最多的人，獲選為「共好之星」，除了頒給獎狀，人資還會送上一份客製化的小禮物。

杜秉祐個性與人為善，在同樣重視善念價值的企業中，做跟人有關的工作，可以說再適合不過。觀察夥伴的需求，以細膩而貼心的方式提供協助，就能為他帶來踏實的成就感。

不過，比起成就感，杜秉祐認為，鮮乳坊帶給他的歸屬感，意義更大，「在這家公司，你可以自在展現個人樣貌。大家都知道彼此的優缺點，也願意包容，你會覺得自己屬於這裡。」

這些來自不同合作窗口的夥伴，選擇了鮮乳坊做為職涯再出發的起點，或是成功轉型，或是另闢戰場，或是對人更有溫度，或是找到歸屬感，每個人都為團隊創造了屬於自己的價值，成為鮮乳坊的「人才資產」。

Chapter 23

看不見的，才是最重要

鮮乳坊的辦公室是開放式空間，除了電話客服需要安靜，有自己的辦公間，其他人不分部門、層級，都坐在兩排對坐的座位中。

這樣的空間配置，傳遞著一個重要的訊息：每個人都是鮮乳坊的一份子，都應該獲得照顧和關懷。

郭乃瑢經常出現在不同座位之間，跟夥伴討論事情。她是鮮乳坊營運團副團長，這個職務偏向管理職，當她需要跟不同部門的夥伴布達消息時，她不是把大家召集在一起開會，而是分別進行溝通。郭乃瑢認為，這麼做雖然比較花時間，其實更有效率。

「每個人都是獨立的個體，你發布一個訊息，每個人的理解都不同，與其事後才去釐清誤解、化解分歧，還不如一開始就溝通清楚，」郭乃瑢解釋。

就讀大學時，郭乃瑢就在鮮乳坊實習，畢業後正式成為鮮乳坊夥伴。

她從官方網站的管理做起，當過客服，到機動組執行專案，又到研發組，負責生管採購。她在鮮乳坊跨越過好幾個部門，跟大家都熟，有個暱稱是「全公司最重要的人」。

郭乃瑢賣力工作，鮮乳坊在全家和路易莎上架，相關的接單和出貨事宜，最開始都是她一手搞定。她習於單打獨鬥，不太會考慮到別人是否跟上來。某一次在大會中，郭乃瑢聽到龔建嘉說：「如果有人很聰明，走得很快，請記得停下來，等一下你的夥伴。」這句話深深觸動了她。

郭乃瑢想起，自己過去也做了不少錯誤的判斷，總是有夥伴在背後撐住她，是團隊讓她獲得成長。她將龔建嘉的提醒，銘記在心，比起個人的成功，她現在更在乎團隊是否能從經驗中，有所收穫，變得更強。

她坦言，很多人是因為理念認同，加入了鮮乳坊，但是每個人因為理念而衍生出對公司的期待，以及願意為這份理念承擔多少工作量，都不一樣，因此她願意花很多時間去跟夥伴進行溝通，因為只有當大家心在一起，才能真正成為一個團隊。

從實習生到重要的幹部，鮮乳坊看著郭乃瑢的成長，她也見證這家年輕公司愈來愈有制度，像是新人上班第一天，桌上會有整套周邊小物，名片已經印製好，主管會帶領著拜訪其他部門，以及完整的新人訓練課程，都是她當年所沒有的福利。

「新人剛進鮮乳坊，會覺得這裡很溫暖、很好玩，但是世上沒有百分之百溫暖的地方。即使公司是善意的出發點，夥伴不見得都能感受到，」郭乃瑢有感而發。難得可貴的是，鮮乳坊一直在學習、調整、優化，盡力為夥伴做得更多，讓每個人可以在這裡感受歸屬和幸福。

為夥伴的下一步職涯，提供建議

鮮乳坊有好幾位夥伴，學生時代曾經在鮮乳坊實習或工讀，畢業後就轉正職，正式邁開職涯的第一步。鮮乳坊就像是她們的「娘家」。除了郭乃瑢，業務組的林德美，也是「鮮乳坊的女兒」。

林德美一直對社會參與有熱忱。就讀輔大社會系時，她就曾贊助了鮮乳坊的第一次群眾集資。因緣際會下，林德美先是在鮮乳坊打工，在微風廣場負責擺攤，之後正式加入鮮乳坊，擔任業務助理。

當時，每個人都在忙自己的事，沒有人來告訴林德美該做什麼，她一度感到迷失，看不到自己在這家公司的價值。即使後來工作逐漸上手，也扛下了家樂福、大苑子等重要客戶，她還是對自己充滿懷疑，離職的念頭週期性浮現。

她內心的起伏，郭哲佑其實都看在眼裡。某一天，林德美去巡訪通路時，站在手扶梯上，收到一則訊息。平時難得誇獎人的郭哲佑，傳訊稱讚她的表現。他突如其來的暖心之舉，讓林德美當場熱淚盈眶。

另一方面，鮮乳坊鼓勵夥伴社會參與，甚至還有「志工假」的制度，也讓林德美有了歸屬感。她和品牌團團長劉容君都熱中動物保育，定期召集夥伴，到流浪動物的機構做志工。她關心街友，協助郭哲佑發起募捐，跟服飾品牌合作，為街友添置冬衣，並在街友年終尾牙時，提供熱騰騰的紅豆鮮乳、薏仁鮮乳，讓街友暖胃又暖心。

當香港發生人權迫害時，龔建嘉毫不避諱表態，在鮮乳坊的粉絲專頁上發文挺香港。他的敢言，讓曾經是「憤青」的林德美十分佩服，身為鮮乳坊的一份子，她深感驕傲。

林德美喜歡做料理，在南機場夜市的臭豆腐攤打過工，也一度是「御膳房」的固定班底，她考慮未來朝餐飲界發展，也向公司提出想法，劉容君建議她可以再多累積餐飲相關的人脈，郭哲佑則指點她先設定階段目標，提升能力，循序漸進完成夢想。他們的意見，幫助她在跨出下一步之前，可以做好更充分的準備。

從一開始的茫然無措，林德美逐漸在鮮乳坊找到歸屬感，在這個過程中，她也更加認識自己，相信自己，喚醒了追求夢想的行動力。

友善育兒，讓夥伴安心工作

二〇二〇年四月，鮮乳坊將人資組當中的「管家職能」獨立出來，增設「管家組」，原任人資組的趙婷是第一位組員，身兼行政、總務、採購，從修繕、消防安全，到安排夥伴的午餐，辦公室裡的大小瑣事她一手包辦。

學生時代，趙婷曾以鮮乳坊為主題，參加國際行銷比賽。當時鮮乳坊派出了三個人協助她，龔建嘉也接受她的訪談，最後順利獲獎。這家公司對於學生的友善態度，讓趙婷留下了極佳的印象，畢業後便決心加入鮮乳坊的團隊。

她從訂單組做起，工作內容穩定，很適合企圖心不強的她。趙婷個性溫和，跟各部門的夥伴都建立良好互動，而且會把每個人的習慣、喜好都記在心裡，是眾人眼中的小天使。

結婚、生子等人生大事，趙婷都是來到鮮乳坊後完成。另一半還是在鮮乳坊的大門口求婚，所有夥伴圍成一圈助陣，場面十分溫馨。請完產假後，她回來上班，公司提議她轉調人資組，當下她心裡很不安：「是我做得不夠好嗎？所以要趕我走？」

其實，公司是期待她能發揮「人和」特質，為團隊帶進更多溫暖能量，並體諒她是新手媽媽，必須花比較多時間在孩子身上，較難配合訂單組的週末輪班，才有調職的提議，趙婷了解原委後，才豁然開朗，「原來，我是被人放在心上的。」

鮮乳坊開放夥伴帶孩子，是趙婷眼中的德政。當家裡沒人帶孩子時，她就把兒子帶到公司。鮮乳坊有個類似圖書室的空間，除了書，還備有畫板、畫紙、玩具車，讓孩子可以打發時間。

趙婷認為，開放帶孩子上班，除了體貼分身乏術的新手媽媽，同事工作到一段落，會跑來跟小朋友玩，有助於紓解壓力，小朋友也有更多與人互動的機會，一舉數得，因此她還滿常帶孩子進辦公室。

三名創辦人中，她最常跟林曉灣接觸，每當內心迷惘，她就找林曉灣傾訴、解惑。短短幾年，她為人妻、人母，婆媳相處、育兒問題，人生的新挑戰接踵而至，團隊夥伴有不少過來人，是她最好的智囊團。

在趙婷心中，鮮乳坊是她第二個娘家。她願意善盡「管家」之責，守護每位夥伴，因為她知道，夥伴們也一直在守護著她。

無形關懷，接住夥伴的黯淡情緒

夥伴之間互相守護，是鮮乳坊很重要的企業文化。

疫情爆發後，訂單組的江宜樺跟大家一樣，都必須在家工作。女兒才兩歲多，正是黏人的年紀，白天工作時，她經常被打斷，遇到需要及時處理的事情，難免心急如焚。

她向組長李筱茜求助。李筱茜很貼心，重新調整了江宜樺的工作內容，減少需要立即回應的事情，改為利用晚上或零碎時間就可以完成的工作。

江宜樺原本不是個會輕易開口求助的人。面對工作，她認真盡責，總是樂意幫助別人，卻也盡可能不要麻煩別人。

然而，在當上媽媽之後，她發現自己必須改變。江宜樺是鮮乳坊第二個新手媽媽，懷孕時她就備受呵護，不時受到夥伴的關懷。產假結束後復職，她意識到自己無法像過去那樣全心投入工作。為了照顧孩子，她有時必須提早下班，公司重要的活動，像是每週的大會、共識營、教育訓練等，她也經常缺席。

有了媽媽這個身分，江宜樺覺得跟公司的距離變遠了，而且擔心自己是否成為部門的包袱。「我覺得自己根本是個『薪水小偷』，」江宜樺吐露心聲。有一段時間，她陷入低潮，跟同事的互動也有點不自在。

後來，江宜樺陸續收到來自三位創辦人的訊息。他們告訴她，一家企業如果把每位夥伴視為自己人，就應該要體諒夥伴的每一個階段，當夥伴迎向新的人生階段，公司應該要成為大家的後盾，而不是壓力。他們很感謝江宜樺，公司透過她，看到了新手媽媽的困境，從而開始思考，未來該如何幫助有相同困擾的夥伴。

讀著這些溫暖的訊息，江宜樺覺得自己是被理解的，內心的烏雲散去，照進了陽光。她也學習到一課，就是需要幫助時，就主動提出，大家都很樂意伸出援手。

鮮乳坊總是能把「關心」做到「窩心」。在家工作這段期間，江宜樺不時收到公司寄來的包裹，包括了蔬果箱（鮮乳坊新推出的宅配服務）、餅乾、優格、葉黃素等。有一天，江宜樺甚至收到一份火鍋食材，公司跟大家約好時間，一起上線吃火鍋聊天，這種聯絡感情的方式，相當有創意。

鮮乳坊的徵才啟事上，列出了很多誘人條件：有機食材製作的免費午餐；無限暢飲的鮮乳、氣泡水；公司定期內外訓，每年超過十二場；琳瑯滿目的福利，像是烤肉趴、飛行傘、電影包場、小旅行等。

然而，最讓夥伴念念不忘的，卻是那些無形的關懷。在他們陷入黯淡的情緒時，公司看到了，悄悄接住了，告訴他們：「不用擔心，其實你做得很好。」

龔建嘉經常引用《小王子》的那句：「真正重要的東西，用眼睛是看不到的。」鮮乳坊能夠把各種不同的夥伴，緊緊串聯在一起，那是因為，真正重要的東西，他們用心看到了。

Chapter 24

五十九分的執行長

星期四早上，龔建嘉出現在鮮乳坊台北的辦公室。當天的行程表，排滿了各種會議，有時候甚至得開到深夜，才告一段落。

星期一到星期三，同事通常看不到他。這三天，他留在雲林，持續巡場獸醫的工作，照顧乳牛的健康，跟酪農緊密交流。

如果沒有特別的活動，龔建嘉通常在台北待到星期五晚上，然後搭高鐵回雲林。一星期七天，龔建嘉在台北只停留兩天，鮮乳坊是一家老闆常態性缺席的公司，即使在新創公司中，也是個很特殊的例子。

牧場是鮮乳坊的命脈，龔建嘉的獸醫身分，讓他可以繼續扎根牧場，因此他選擇了這樣「非典型」的做法來經營公司。

遵循常規，向來不是龔建嘉的風格。舉例來說，他認為，鮮乳坊的組織應該是靈活、敏捷、充滿彈性，而非「一個蘿蔔一個坑」的僵化模式。公司成立前四年，鮮乳坊沒有組織圖，很多人的職責是模糊不清的，仰賴內部互助共好的文化，推動各項工作的進行。

就像多數的新創公司，鮮乳坊最初也是從二、三人團隊開始發展。創業時期，百廢待舉，每個人都得身兼數職，相互支援，有球就接，有需要就補位。因為共患難而培養出了革命情感，靠著彼此的信任，以完成任務為第一順位。

公司在發展，規模就跟著變大，鮮乳坊已經是近七十人的公司。當球場裡傳球、接球的人愈來愈多，誰該主動接球，漏接了又是誰的責任，問題無法釐清，磨擦開始出現，團隊的信任度一點一滴在消耗中。

二〇一九年九月，鮮乳坊正式畫出組織圖，不同的部門，不同的職務，每個人都有他的定位，井然有序。當然，龔建嘉也擔心，當權責劃分清楚後，夥伴會不會就埋首在自己部門的事務上，不再主動接其他人的球。

為了避免部門各自為政，形成「穀倉效應（Silo Effect）」，龔建嘉導入了「目標與關鍵結果法（Objectives and Key Results，簡稱OKR）」這項管理工具。簡單來說，當企業根據使命與願景，訂定了年度的目標，各部門就要針對企業的大目標，設定自己部門或個人的目標，這些目標必須跟大目標有所關係，部門主管或夥伴，必須再為這些目標設定可以被量化的

「關鍵結果」，目的是為了讓夥伴了解自己是否已經達成了目標。

龔建嘉舉例，如果鮮乳坊的年度目標（O）之一，是證明自己是台灣最好的鮮奶品牌，關鍵結果（KR）則包括了建立生產履歷、動物福利標章、鮮奶風味品評機制、網路品牌好感度領先等，各部門就要根據公司的目標和關鍵結果，去展開自己的目標和關鍵結果。

因此，雖然每個部門都有自己在做的事，因為部門的目標和關鍵結果，是跟公司的目標、關鍵結果連動著，整體還是朝著共同的目標邁進，不至於多頭馬車，各行其是。

OKR跟常見的KPI（Key Performance Indicators，即「關鍵績效指標」）不同。KPI是從上而下的要求，公司要你開發二十個客戶，達標了就有獎勵，無法達標就得承受壓力，夥伴整天只埋首拚業績達標，對於企業的目標和方向，並沒有太深刻的感受。

OKR的做法是從下而上，夥伴跟部門主管討論後，自己設立目標和評分機制。目標是開發十家店，結果達成了五家，從KPI的角度看，只有達標五〇%，而OKR讓夥伴來評斷自己的表現，他可以給自己滿分，因為在疫情期間，很多店家生意受影響，甚至不支倒閉，能夠開發五家，已經是很出色的結果。即使KPI達標一〇〇%，夥伴也可以認為目標設得太低，自我挑戰不夠，給自己打比較低的分數。

OKR以企業的願景和目標為出發點，在乎的是夥伴怎麼看待自己的工作，強調的是團隊共創的精神。在龔建嘉看來，OKR這樣的管理工具，很適合鮮乳坊，而鮮乳坊開始畫組織圖，就是為了要在內部推動OKR。

除了團隊方向需要聚焦，鮮乳坊還有另一個困境要解決，就是「誰來當老闆」？

老闆，是限制企業發展的天花板？

直到現在，龔建嘉還是很排斥「老闆」這個身分。

他是鮮乳坊的創辦人，是這家公司推動願景、使命的火車頭，然而他一星期只在公司兩天，公司裡沒有他的辦公室，內部的行政運作，他交給林曉灣，外部的資源串聯，則放手讓郭哲佑去發揮。三個人各有擅長之處，也有不足之處，這樣的組合，形成彼此互補，又能巧妙平衡的領導核心。

然而，三個人過去的管理經驗，接近白紙。創辦鮮乳坊之前，龔建嘉只在「春穀」上過班；林曉灣待過的是三、四人的小公司；郭哲佑創業過，以單打獨鬥為主，也沒什麼帶團隊的心得。三個人勉強組合成一個執行長，照龔建嘉的說法，也只是個「五十九分的執行長」。

當然，沒有人一開始就懂得怎麼當老闆。三個人都是從做中學，在摸索中累積經驗。隨著鮮乳坊在短短幾年內，團隊人數不斷成長，出現更多管理上的挑戰，這位「五十九分的執行長」，似乎也有點左支右絀了。

在很多企業中，老闆的地位最大，他決策、指示、命令，所有的人都聽命行事，但是龔建嘉不是這樣的「老闆」，他不願意大權在握，而是跟大家一起做決策，卻也產生了另一個問題：「誰說了算數？」龔建嘉平時的工作重心在牧場，當他參加了其他部門的會議，並貢獻了一些意見，部門主管該怎麼看待？當成老闆的指示，還是純屬參考就好？

龔建嘉擔心自己會成為鮮乳坊的天花板，他在企業管理的經驗不足，會限制住公司的發展。這種感覺愈來愈強烈，他需要找出一個解決方案。

剛好在郭哲佑的介紹下，龔建嘉認識了一位在找工作的專業經理人。起初，只是參加個普通的飯局，龔建嘉並沒有太多想法，跟對方交流後，他突然靈光一閃：「為什麼不能找外部人士來幫忙解決這個問題？」

這位專業經理人有著相當漂亮的履歷背景，龔建嘉找她進來當鮮乳坊的執行長，期待對方可以支持團隊成長，並從內部培養下一個執行長。

對於讓外部人士「空降」為鮮乳坊的執行長，龔建嘉的心態相當開放：「在鮮乳坊，我並沒有比別人厲害，只是發起了這樣一個想法，定下了我們的使命。當我定下使命的那一刻，我已經發揮我最大的效益了。如果找得到更強、更厲害的人，讓我們走得更穩健，why not？」

二〇二〇年年初，鮮乳坊有了新任的執行長。該執行長帶來了非常多重要的經驗與解決方案，推動了整個公司快速的突破經營瓶頸。但經過一段時間後，這位執行長最後沒有繼續留在鮮乳坊。

從外部找專業經理人來領導鮮乳坊，是個尚未成功的實驗，但卻讓他們學到很多寶貴的經驗。鮮乳坊還沒有準備好讓專業經理人容易發揮的組織運作系統，透過這次經驗，三人組也看清一件事：領導鮮乳坊的責任無法交給外人，他們必須自己扛起。

龔建嘉、林曉灣、郭哲佑是個很奇特的合夥人組合，他們願意為鮮乳坊完全奉獻，卻沒有一個人想當「老闆」這個角色。他們要找外部的專業經理人，其實就是想把「老闆」這個角色交給他人。繞了一圈，這個角色又回到他們身上。

二〇二一年，接下執行長的是郭哲佑。他認為，前任執行長離職，某種程度上，也凸顯了一些內部的問題，對鮮乳坊來說，未嘗不是件好事。

老闆，是支撐大家往上成長的地板！

鮮乳坊是家年輕的公司，短短幾年，衝得非常快，服務的牧場從一家到六家，各種問題不斷的冒出來，大家忙著處理表面的問題，問題的根本卻沒有獲得解決，「每個人對鮮乳坊該怎麼走，認知都不太一樣，團隊缺乏共識，是最大的問題，」郭哲佑說。

他接任執行長後，把原本每週的週會，改為兩週開一次，另一週則排入共識營，目的在強化團隊的共識。另外，他也跟夥伴進行一對一的訪談，對於促進彼此的理解，有很大的幫助，並拉近了夥伴跟「執行長」這個角色的距離。

之前畫出的組織圖，又做了調整，最大的不同是，郭哲佑把自己放在最底下，「我是來服務大家的，」他強調：「我要扮演的是地板，支撐大家往上成長。」

郭哲佑坦言，三人組一路走來，經歷了很多風風雨雨，外人看他們合作無間，箇中滋味只有他們自己最清楚。不過，每次遇到重大危機，像是之前的「挖牆角」事件，或是空降執行長帶來的衝擊，三個人立即展露守護彼此的默契，反而更有助於凝聚情感，從工作夥伴的關係，朝朋友這一端，邁得更近一點。

他們重新調整了決策機制——牧場相關是龔建嘉，人事財務相關是林曉灣，業務相關是賴冠延，營運相關是郭乃瑢，品牌相關是劉容君，跨部門的事務，大家會一起討論，再由郭哲佑這個執行長拍板定案，算是延續了之前的決策分工，最後也有人一錘定音。

相較於過去「五十九分的執行長」，郭哲佑認為，現在的領導決策模式，加上持續推動OKR，團隊的氣氛有明顯改善，整體來說，應該可以拿到及格的分數，不過他還是只給自己打五十九分，鞭策自己要更努力。

對於新創企業來說，快速發展是把雙面刃。當公司規模不斷擴張，理想與現實開始拉扯，制度與人性相互角力，如何在績效管理中，仍能維持夥伴共好的初衷？這一課，鮮乳坊還在學習。

Part

6

鮮乳坊共好學❹ 與消費者共好

我是奶粉我驕傲

鮮乳坊重視跟消費者的互動，
除了傳遞企業的理念和使命，
他們也聆聽消費者的聲音，
把產品跟服務做得更好。
從實體活動，
到網路社群，
不少消費者深入了解鮮乳坊後，
認同品牌理念，
成為忠實擁護者「奶粉」，
線上線下頻繁交流，
「奶粉」是鮮乳坊的推廣大使，
透過負責任的消費，
推動負責任的生產，
與鮮乳坊一起改變世界。

Chapter 25

打造人氣「奶粉罐」

袁嘉翎進入鮮乳坊粉絲專頁的管理平台，此刻，她的身分是「小編」。有消費者用私訊提了一個問題，她迅速完成答覆。一般粉專的小編，工作大概只做到這邊，但是她會繼續跟對方攀談：「為什麼想買鮮乳坊的鮮奶？」「你平時都在哪裡買鮮奶？」「你對鮮乳坊的產品有什麼想法？」

閒聊拉近了彼此的距離。對方本來只是單純的消費者，因為私訊上的交流，對鮮乳坊好感大增，成為真正支持鮮乳坊的粉絲。

鮮乳坊前後有五代小編，袁嘉翎是第二代。政大法律系畢業的她，大四來到鮮乳坊實習，就一直待了下來。她現在是行銷暨客戶成功組組長，鮮乳坊不論是實體或網路上的行銷活動，基本上都在袁嘉翎的守備範圍。

鮮乳坊是靠群眾集資起家，也就是說，先有消費者的支持，才有了鮮乳坊這家公司。鮮乳坊很重視跟消費者的交流，一方面是傳遞企業的理念和使命，另一方面，聆聽消費者的聲音，他們才能把產品跟服務做得更好。

擺攤是跟消費者面對面接觸的最好機會。鮮乳坊擺攤的地點相當多元，從南港食品展、國標舞大賽、路跑活動，到彰化乳牛節、崙背香瓜節、簡單生活節等，二〇一九年二月二十八日到三月三日，鮮乳坊在華山文化園區舉辦了「親愛的，我把牧場搬過來了」，涵蓋了展覽、演講、市集、體驗，更是一場擁抱群眾的嘉年華活動。

透過試喝、跟現場工作人員的互動，消費者可以在最短的時間內，對鮮乳坊建立初步的印象。然而，就像種子播進了土壤，還需要灌溉才能生根。鮮乳坊必須持續跟消費者保持接觸，才能走進他們心中，成為值得信賴的品牌。

官方網站、部落格、臉書、Instagram，都是消費者可以進一步認識鮮乳坊的線上平台。官方網站、部落格，主要是做為發布訊息之用，臉書、Instagram則能發揮更多雙向對話的功能。袁嘉翎觀察，Instagram的溝通，以照片為主，文字為輔，使用者以年輕族群居多，產品、活動的訊息比較容易獲得迴響。

鮮乳坊的粉絲專頁創立於二〇一四年十一月，比龔建嘉第一次群眾集資還早，算是鮮乳坊發展網路聲量的基地。粉絲專頁是開放的空間，只要有臉書帳號，任何人都可以瀏覽貼文、按讚、留言，或是私訊小編。小編在粉絲專頁上，也更能盡情揮灑，完整呈現理念。

新品資訊、乳牛知識、牧場花絮、料理教學……，鮮乳坊粉專內容琳琅滿目，除了「鮮奶」這個主題，團隊所支持的棒球運動、偏鄉關懷、婚姻平權，也會出現在動態貼文中，這些訊息點點滴滴累積下來，為消費者心中的鮮乳坊，勾勒出更鮮明的形象。

袁嘉翎認為，粉絲專頁的開放性，在接觸消費者的廣度上，有著很好的效果。另一方面，很多人進來可能只做短暫的停留，他們沒有跟品牌建立更進一步的關係，品牌也沒有真正認識這群消費者。

為了深化跟消費者之間的連結，原本任職客服部的吳妮庭，提出了成立臉書社團的想法，內部討論後，認為值得一試。二〇一七年三月二十九日，鮮乳坊的社團正式開張。

社團，串聯起產地、通路、消費者

吳妮庭從政大中文系畢業後，她應徵進鮮乳坊，擔任實體店的店長。實體店收掉後，她轉任電話客服，也會幫忙袁嘉翎寫一些粉專的貼文。吳妮庭會提議做社團，除了是看到趨勢，有愈來愈多的企業經營臉書的社團，也跟她的客服經驗有關。

鮮乳坊的產品，單價比一般市售品牌來得高，吳妮庭常遇到消費者質疑：「為什麼你們家的鮮奶賣得那麼貴？」要把鮮乳坊的理念，特別是在生產端的投入，在一通電話說清楚，並不容易，需要更多媒介，讓消費者看到，鮮乳坊所創造的價值。

臉書上的社團，不同於粉絲專頁的開放性，你必須提出申請，通過審核，才能進入社團。這種會員制的做法，卻也讓社團成員可以主動發言，參與度比粉絲專頁更高，更有機會形成真正的社群。

經營社團，最怕眾人「潛水」，只有小編唱獨角戲，場子熱不起來。鮮乳坊社團成立初期也是冷灶，後來加入了一位新成員「樂樂媽媽」，她以兒子「樂樂」一日三餐加點心為主題，每天至少貼一篇文，配圖中一定有鮮乳坊產品。樂樂媽媽發文勤快，對社團其他成員，起了示範的效果，大家紛紛主動分享，氣氛也慢慢熱絡起來。

鮮乳坊社團原名為「奶粉聚集的奶粉罐」，一年後改名為「鮮乳坊A^{++}奶粉罐」，延續至今，成員約有五千五百名。這個神奇的「奶粉罐」聚集了一群鮮乳坊的死忠粉絲，他們的冰箱裡總是至少有一瓶鮮乳坊的鮮乳，熟知生活周遭所有販售鮮乳坊產品的店家，他們支持「單一乳源」、「公平交易」等理念，當架上有各種鮮乳品牌，他們的目光總是鎖定鮮乳坊的那隻可愛小乳牛。

在吳妮庭手上，鮮乳坊的社團從無到有。她認為，產地、通路、消費者之間，存在著資訊的斷裂，社團的功能，就是提供透明的資訊，將三者串聯在一起。

吳妮庭根據馬斯洛的需求層次理論，發展出不同的服務，比方說，提供「鮮乳坊有什麼產品」、「哪裡買得到」等產品資訊，滿足粉絲對鮮乳的生理需求；另外，小編建立互動排行榜，統計粉絲們的貼文、留言，每個月選出前十大，致贈小禮物，以及小編親手撰寫的小卡片，透過有形、無形的誘因，鼓勵粉絲互動、交流，營造可以討拍、取暖的環境，滿足他們的社交需求。

在鮮乳坊的社團，小編聆聽粉絲的心聲，再回報給公司內部，為他們達成心願，讓粉絲們以身為奶粉為榮。舉例來說，鮮乳坊的大包裝玻妞優格飲剛上市時，包裝上有一層封膜，不容易撕開，就有奶粉在社團裡反映，經過業務部門的了解，通路也有類似的意見，很快就做出調整，在包裝裡附上可以切開封膜的小工具。

鮮乳坊推出$A_2\beta$酪蛋白鮮乳時，也曾招募奶粉，舉辦線上試喝會，眾人一起討論如何行銷這款商品，參與感讓他們對品牌產生更深刻的認同。

在社團中，奶粉們透露他們平時都在哪些通路購買產品，對每個牧場的鮮乳又有什麼想法，這些分享的內容，幫忙鮮乳坊更了解他們的消費者。由於酪農平時難得接觸消費者，社團裡的回饋對他們來說，可以說相當珍貴。小編每個月會將各家牧場的相關內容整理出來，由龔建嘉轉給牧場做為參考，業務團隊也可以根據消費者行為，更有效推動銷售。

一開始，考慮到有些奶粉對於產品的意見，可能會說得很直接，鮮乳坊並沒有主動邀請酪農加入社團。酪農們都是自行加入，幸運兒牧場的陳界全平時多半「潛水」，不太留言，以按讚居多，許慶良牧場的許東森、許登畯則比較主動跟奶粉們交流。鮮乳坊的使命，就是搭建生產者和消費者之間的橋梁，社團給了雙方更多直接互動的機會。

小編像保姆，用心經營大家庭

社團經營是否成功，小編扮演著關鍵的角色。

吳妮庭和前兩代小編劉容君、袁嘉翎，有個共通點，就是喜歡跟粉絲聊天。之前只有粉絲專頁時，主要是透過私訊聊。網路的世界不分晝夜，隨時都可能有私訊進來，因此她們的工作時間很長。像吳妮庭住桃園，每天早上七點半通勤時，在車上就開始回留言、回訊息，下班後仍繼續回，直到晚上十二點才「打烊」。

她們都是因為認同理念，而加入了鮮乳坊，因此對工作有份使命感。即使可以公事公辦，下了班就關機，她們仍選擇守在線上，繼續服務消費者，而且樂此不疲。

成立社團後，小編就像是這個大家庭的保姆，盡可能認識每個人，了解對方的背景，記住他過去貼文、留言的內容。小編必須先當大家在社團的第一個朋友，像個派對的主人，帶動良好的社交氛圍，當眾人彼此熟悉，開始呼朋引伴，就會在社團中找到歸屬感。

吳妮庭之後，又有兩位小編。第四代小編張庭瑄是龔建嘉的另一半，她常跟著龔建嘉一起工作，提供很多牧場最新的動態，有時候分享她跟龔建嘉的生活點滴，奶粉們也很愛看。目前則是由第五代小編封華，接手鮮乳坊各種社群平台的管理。

每一代小編各有風格，或是幽默風趣，或是言詞犀利，或是平易近人，個性化小編的「人設」反而增添了互動的趣味。不論是哪一代的小編，都用了很多心思來跟奶粉互動。

為了提升粉絲們發文的意願，小編設計了各種遊戲。二〇二〇年起，鮮乳坊開始推出「牧場生日月」，粉絲專頁會以當月壽星牧場為主角，規劃一系列的貼文，社團也有配合的活動。第一檔「牧場生日月」的主角，是幸運兒牧場。當時小編就以競賽的方式，鼓勵奶粉以幸運兒鮮乳為主題貼文，根據內容有不同的計分標準，其中一項就是到合作店家路易莎咖啡，拍下鮮乳坊的小乳牛立牌，就可以獲得不錯的分數。

那個月粉絲們瘋狂貼文，整整貼了一千多篇，小編做最後的計分時，差點沒昏倒。拿到冠軍的奶粉，跑了七十多家路易莎門市，甚至還請朋友到路易莎的澎湖門市去拍。由於鮮乳坊並沒有配送離島，這是澎湖的消費者唯一能接觸幸運兒鮮乳的地方，這則貼文就更屬難得。

至於每個月的人氣評比，原本只根據發文、留言的次數來統計，而且臉書的社團管理後台就有這套機制，小編只要把數據抓出來即可。但是歷代小編們討論後，認為只以「量」做為評選標準，並不公平，發文、留言的「質」也要納入考慮。因此，小編必須看過每一篇貼文、每一則留言，投入更多的時間和心力，只為了能夠真正鼓勵到那些用心的奶粉們。

不論是粉絲專頁、社團，或是其他的社群平台，鮮乳坊都不只是在行銷商品，也希望能培養出一群有責任意識的消費者。曾經有奶粉對吳妮庭說：「鮮乳坊是我接觸過，把生產者和消費者之間串聯得最好的品牌。」她十分感動，因為這就是鮮乳坊所堅持的初衷，而消費者也確實感受到了。

Chapter 26

這瓶鮮乳，讓我們人生有了交集

在板橋，有一家人氣早午餐名店「好初早餐」，採用嚴選食材製作餐點，店內經常是高朋滿座。在健檢中心擔任業務的柯宏毅是「好初」的常客。

某天，他發現店內提供了一款新品牌的鮮乳，叫作嘉明鮮乳，白色瓶身帶著文青風，喝起來也很清爽。這款牛奶來自一家叫作鮮乳坊的牛奶公司，「好初」的鮮奶茶也是用鮮乳坊的鮮乳製作。

柯宏毅開始對這家公司感到好奇，便上網查了相關資料。後來，他又遇到某個朋友，也是鮮乳坊的擁護者，曾經參加過第一次的群募。柯宏毅愈來愈了解鮮乳坊支持酪農、推動友善飼養的理念，他相信善待乳牛的牧場，生產出來的鮮乳不會太差。柯宏毅家裡的冰箱開始出現鮮乳坊的產品。當他知道，鮮乳坊有個臉書社團，毫不猶豫就參加了。

從此，他就有了一個身分，「奶粉」。

任職補教業的劉筱芸喜歡烘焙，對於烘焙會使用的各種原物料，包括了牛奶、奶油、巧克力、香草莢，她盡可能選用單一產區。早在鮮乳坊出現之前，她就會找一些市面上買得到的單一牧場鮮乳。當劉筱芸從臉書上得知，有位獸醫要集資成立鮮乳坊，建立單一牧場鮮乳的銷售平台，抱著嘗試的心情，參加回饋兩瓶鮮乳的贊助方案。

真正喝到鮮乳坊的鮮乳後，劉筱芸頗感驚豔。她持續訂購了幾次，由於宅配的物流費用不便宜，後來改從實體通路上購買。劉筱芸愛喝鮮乳，鮮乳的風味、口感，她的感受異常敏銳，連嘉明鮮乳在春夏、秋冬的「厚度」不同，都喝得出來，對於大廠牌的「混奶」，更加難以接受。另一方面，她一向都是公平交易、友善飼養的支持者，鮮乳坊不論是品質或理念，都獲得劉筱芸的認同。

復健師周芩緣也是奶粉。愛喝鮮奶的她，是在逛超市時，偶然發現了架上的豐樂鮮乳，因為沒喝過，買回去嚐鮮，發現跟過去喝的大廠牌鮮乳很不一樣，一試成主顧，也心生好奇，想多了解鮮乳坊一點。

柯宏毅、劉筱芸、周芩緣一開始都是鮮乳坊的消費者，進一步成為奶粉，契機來自參加臉書社團。

臉書是企業與消費者溝通的平台之一。相較於只有小編才能貼文的粉絲專頁，消費者在社團更能暢所欲言。社團是一個虛擬的社交空間，一開始因為彼此不熟悉，大家多持觀望態度。因此，鮮乳坊小編挖空心思，設計出互動排行榜等機制，提供誘因，鼓勵粉絲發文、留言。

鮮乳坊不是購買容易的大廠品牌，「哪裡買」反而成了社團成員開啟互動的最佳話題。柯宏毅住板橋，他把在地的鮮乳坊實體通路摸得通透，每當有人提問，他都熱心回答，不但多次登上互動排行榜，在社團裡還有個「里長伯」的封號。

也有粉絲會用鮮乳坊的鮮乳製作料理，再分享在社團裡，食物的照片總是能療癒人心。首開先例的是劉筱芸，她做的羅宋麵包、國王派、奶皇流沙包等美味點心，照片一貼上社團，經常能引起不少迴響。

同屬烘焙愛好者的周芩緣，在社團分享了她做的鮮乳吐司，大受好評。受到了鼓勵後，周芩緣經常有料理貼文，也成了互動榜上的常客。鮮乳坊每次推出新品，常會找這些活躍的粉絲試用，周芩緣就曾經用A2β酪蛋白鮮乳，製作出拉麵的湯底，不用花長時間熬煮豚骨，也能產生濃郁的風味。

周芩緣私下還喜歡塗塗寫寫，除了手繪鮮乳坊合作牧場的產品，她去北海道旅行時，也用畫筆記錄當地各款鮮奶的外包裝。多才多藝的她，在社團分享的內容也多采多姿。

粉絲們樂於分享，也踴躍回應他人分享的內容，社團的互動愈來愈熱絡，從網路上發展到現實生活中。他們在Line上成立群組，當有人在某通路上發現鮮乳坊的即期品，就會發出訊息，附近的人就會過去認購。像大瓶裝的嘉明鮮乳、幸運兒鮮乳，平時以業務用乳為主，一般通路上買不到，粉絲之間也會發起團購，跟特定的店家訂貨，藉著交貨，又可以聚餐聊天。

「奶粉」們基本上對美食都很感興趣，光是食物的話題就可以聊得很起勁，如果彼此又有其他興趣的交集，友誼就會愈結愈深，像周芩緣就在奶粉中找到了知心好友。

從「網路」到產地，更了解鮮奶怎麼來

二〇二〇年十二月二十日，鮮乳坊舉辦了一場粉絲參觀牧場的活動，地點是幸運兒牧場。

鮮乳坊合作的牧場，都是以生產為主的牧場，而非接待遊客的觀光牧場。這是酪農每天工作的地方，也是幾百隻乳牛生活的空間。乳牛很容易受到驚動，任何打擾都可以造成牠們緊張，影響泌乳狀況。因此，鮮乳坊過去不曾安排粉絲參觀牧場。

這是小編吳妮庭提出的想法。她在公司內部的讀書會中，讀到了《食鮮限時批》。這是一本關於日本民間推動食農教育的書，書中描述了「做的人」與「吃的人」之間真實的人際互動，帶給她不少啟發。她相信「眼見為憑」，消費者真正身處產地，更能體會鮮乳坊所堅持的理念。

經過內部的評估，鮮乳坊特別規劃了這次的相見歡，只有五個名額，選自社團中最活躍的粉絲，因為機會難得，真的可以說是「幸運兒」。

柯宏毅、劉筱芸、周芩緣都參與了這趟牧場參訪。他們自費搭高鐵南下，然後跟鮮乳坊的工作人員，一起乘坐遊覽車前往幸運兒牧場。除了陳界全一家人，隔壁許慶良牧場的許東森、許登畯兄弟也過來作陪。

他們參觀了牧場的設備，了解酪農的工作內容，還看了乳牛吃的草料。他們在陳界全家的客廳裡泡茶聊天，還吃了女主人吳碧莉做的薑母鴨。

周芩緣之前只去過觀光牧場，這是她第一次走進酪農的生活。幸運兒牧場

眼見為憑，消費者實際拜訪產地，更能體會鮮乳坊
所堅持的理念，並不是行銷宣傳用的文案而已。

寬敞又通風，沒有她想像中濃濃的牛糞味。牧場的空間規劃得井然有序，小牛、女牛、孕女牛、泌乳牛分區飼養，酪農可以根據乳牛不同階段的營養需求，量身調配草料。參觀過程中，龔建嘉隨時補充說明，周芩緣才知道養牛有這麼多學問，像是乳牛對於「改變」很敏感，草料如果每天長短不一，牠們就沒胃口，所以需要使用攪拌器，維持每日草料「口感」一致。

柯宏毅是位用功的參訪者，行前他特地做了功課，找到了一段陳界全參加同學會的影片。他很好奇，這位電機背景出身的男主人，當初是抱著什麼樣的決心返鄉養牛，便當面提出了這個問題。陳界全還沒回答，眼眶先泛紅，這畫面給了柯宏毅很深的印象。

「奶粉」們對幸運兒牧場的故事，都不陌生。陳界全原本跟弟弟一起經營牧場，協議分家後，他另外蓋了新的牧場，先讓牛隻住進舒適的牛舍，他和家人則暫時擠在加蓋的鐵皮屋，有餘裕才著手蓋自己的新家。

「當酪農把牛看得比自己還重要，產出的牛奶，品質當然讓人放心，」劉筱芸有感而發。遍嚐各家鮮奶的她，在幸運兒牧場，生平第一次喝到了生乳，才認識鮮乳最原始的味道。

劉筱芸當初獲知自己得到了參觀牧場的機會，相當受寵若驚，不巧的是當天已安排了其他的活動，於是她想辦法調整行程，順利成行。這趟牧場之旅，讓她看到了鮮乳坊所訴求的理念，並不是寫在包裝上的行銷文案，而是真正落實在牧場中，協助酪農為消費者生產出優質的鮮奶。

幸運兒牧場被選為第一個奶粉參觀的牧場，其實是有原因的。陳界全雖然木訥寡言，平時在社團內也是「潛水」為主，其實他很認真看過每個人的發言，而且都記在心上，對於奶粉的綽號如數家珍，像他看到柯宏毅，就直呼：「你不就是那位『板橋反町隆史』。」女主人吳碧莉則是熱情的女主人，很能帶動氣氛，這場交流活動在賓主盡歡中落幕。

奶粉們也很珍惜這樣的緣分，像柯宏毅的岳父是雲林人，他送岳父返鄉過年時，還會特別到幸運兒牧場、許慶良牧場送禮，跟酪農變成了朋友。

成為「有責任感」的消費者

鮮乳坊的鮮乳，除了鮮乳本身，也傳遞理念、訴說故事，為這群奶粉們帶來不同的生命養分。

劉筱芸曾經參與了鮮乳坊第一次群眾集資。集資結束後，鮮乳坊仍持續來信，詢問贊助者的意見。她可以感受到鮮乳坊的理念，不是說說而已，而是真正用心去落實。鮮乳坊為劉筱芸打開了一扇門，讓她可以更深入了解整個產業，資訊透明的程度，是其他乳品公司少見的，也是鮮乳坊讓人安心的關鍵。

鮮乳坊讓消費者知道，自己所喝的鮮乳從何而來，進而喚醒消費者的責任意識，深獲柯宏毅的認同。他認為，不少消費者習慣於廉價牛奶，並沒有想到，自己有一天可能要為食安問題付出代價。柯宏毅很欣賞龔建嘉有勇氣站出來改變產業，而且堅持至今，不改初衷。

柯宏毅曾經聽龔建嘉說過：「人的一輩子，一定會有一件只有你能做的事。」他對這句話很有共鳴。柯宏毅原本是職業軍人，專長是電子電機，但是他一直想從事幫助他人的工作，才轉戰健康產業。每當夜闌人靜，他會捫心自問，是否還記得初衷。龔建嘉和整個鮮乳坊團隊始終沒有忘記初衷，帶給他很大的啟發。

周芩緣接觸了鮮乳坊之後，愈來愈重視食物的來源，進一步關心產業永續的議題。她願意盡一己之力，向周遭的人推廣鮮乳坊的理念，這麼做是為了自己吃得更安心，而且也為了讓世界變得更好。

Part

7

鮮乳坊共好學❺ 與產業共好

不斷進化，永遠可以更好

龔建嘉以數位思維，
看待台灣乳品業的未來，
相信產業可以不斷進化，
愈變愈好。
不論是從牧場落實動物福利、
培育大動物獸醫人才，
或是向消費者推廣食農教育、
責任消費，
甚至是提倡莊園鮮乳，
提升牛奶的價值，
鮮乳坊希望透過推動產業升級，
達到產業永續的目標。

Chapter 27

從產銷平衡，到責任消費

曾經在Netflix上架的德國紀錄片「鮮乳哪裡來」（*The Milk System*），透過了酪農、科學家、產業人士等不同角度，細數全球乳品產業的變遷。

牛隻漫步於碧波草原的放牧場景，愈來愈少見，密集飼養是主流的養牛方式。乳品公司做為酪農和消費者的中介者，是整個乳品產業的操盤手，為了在市場上取得價格戰的優勢，他們壓低向酪農收購生乳的價錢，酪農收入不敷成本，只好靠著政府補助，咬牙維持自家牧場。

在全球化的浪潮下，乳品公司為了擴大國際市場，以「餵飽全世界」為訴求，要求酪農生產更多牛奶，以利於用低價傾銷到其他國家。

在這部紀錄片的呈現中，歐盟乳品公司在海外攻城掠地，可以累積更多資本，壯大規模，是龐大「牛奶系統」中，最大的贏家，然而，出口國家的酪農卻必須承受大量生產、低價收購的壓力，至於進口的國家，在地酪農則陷入了乳價崩盤、無法經營下去的困境。

身為台灣牛奶產業的一員，龔建嘉看完這部紀錄片，心中不免感觸良多。二〇一三年，台灣跟紐西蘭簽署了「台紐經濟合作協定（ANZTEC）」，將紐國乳製品進口列關稅配額，十二年實施期滿後取消配額，全面降為零關稅。生產成本比台灣低四〇至五〇%的進口鮮乳，一旦沒有了關稅的限制，就可以挾低價優勢，大舉進軍台灣市場，重創本土的酪農產業。

龔建嘉表示，類似的事情不是沒有發生過。台灣加入ＷＴＯ之後，曾有一段很長的時間，乳品市場以進口奶粉為主，造成台灣生乳過剩，許多乳品廠在生乳產量較多的季節，片面減少收購量，導致酪農只能將賣不掉的生乳廢棄倒掉而損失慘重。後來是因為中國發生三聚氫氨毒奶事件，乳品廠不再使用中國奶粉，台灣的酪農產業才又有機會復甦。

過去，台灣的鮮乳自給率最高時超過九成，乳品產業不但養活了許多酪農家庭，在地生產主打新鮮的短效期鮮乳，可以保留最多的營養，供應給全台灣所有的家庭。許多非農業國家就沒有這麼幸運，只能選擇進口的奶粉和保久乳，不但營養和風味都比鮮乳遜色，一旦遇上全球運輸危機，供應鏈大亂，還有斷「奶」的風險。

關稅解禁的時間，就在二〇二五年。

全台約有五百戶酪農，面對低價進口鮮乳壓境，如果沒有殺出一條血路，龔建嘉預估，會有三、四成的酪農戶消失，牧場關閉，乳牛遭到撲殺，酪農失業，未來消費者要喝到台灣本地生產的鮮奶，將變得愈來愈困難。

台灣酪農產業的生存危機，已開始倒數計時。

改變傾斜的產銷制度

在台灣，如同「鮮乳哪裡來」所描述，也是由大型乳品公司掌控了產銷機制，酪農為了生存，只能配合各種不平等的交易條件，無法為自己權益發聲。

身為牧場獸醫，龔建嘉懷抱著使命感，深入牛奶產業。透過鮮乳坊，他搭建酪農和消費者之間的橋梁，並向各界取經，試圖為傾斜的產銷制，找到平衡。

主婦聯盟是鮮乳坊創立初期，就展開合作的夥伴。不同於一般通路，主婦聯盟是以「消費合作社」的概念來經營，集結一群想購買相同品質、價值產品的消費者，累積一定的消費力量後，和生產者溝通協調，達成穩定的生產模式。

消費合作社會員除了長期穩定向農民訂購產品，甚至還會一起參與或了解產地生產，消費者和生產者之間建立信任，消費者成為生產者的後盾，生產者因此能全力投入，生產出符合消費者品質、價值要求的產品。

龔建嘉在《食鮮限時批》一書中，也讀到了類似的概念。作者高橋博之是食農雜誌《東北食通信》創辦人，他透過刊物、社群平台，倡議「社群支持型農業（Community Supported Agriculture, CSA）」，隨著消費者和生產者相互連結、合作，農民則可以全年度穩定生產，消費者則可以安心購買，因為是計畫性生產，更能夠友善土地、保護環境。

尤其，台灣有許多專業酪農區，已經發展成熟，是在地非常重要的特色產業，像是彰化福寶因為靠海，在一年四季海風的吹拂下，土地鹽化嚴重，導致該地區種植收成不佳，遠低於其他的農業種植區域。在酪農產業的發展之下，將不適合種植的土地改為畜牧，強勁的海風還能降溫，使乳牛舒適，牛糞發酵後成為最好的肥料，能讓土壤增加地力，成為農牧循環最佳的典範。

二〇一八年，在中華民國乳業協會的安排下，龔建嘉進行了一趟以色列酪農業的考察之旅。

這個國家有將近一半的土地是沙漠氣候，每年降雨量低於二百毫米，在炎熱缺水的環境下，卻成為全球乳牛飼養平均乳量最高的國家。龔建嘉親訪當地的牧場，發現畜舍設計、硬體設備雖有獨到之處，以強大的資訊整合，帶動計畫性生產，才是以色列酪農業致勝的關鍵。

考察行程中有一站是「以色列牛群育種協會（Israel cattle breeders association, ICBA）」，由酪農組成，提供所有酪農專業技術諮詢及各項協助，所建構的ＮＯＡ資訊平台，彙整了乳牛群基本資料管理、泌乳牛群產乳量及乳質紀錄、年度配額計畫、分群餵飼管理、基因選拔及配種計畫等各種資訊，幾乎所有以色列乳牛場都使用這套介面。

以色列有著艱困的建國背景，全民皆有共識，唯有合作才強大。因此，政府單位、農民組織、研發設備廠商、相關協會等，都願意開放完整資訊，以利於政府的農業政策擬定、農民的計畫性生產評估，甚至是動物育種方向，形成產業前進的動能。

累積從主婦聯盟、《食鮮限時批》、以色列考察之旅所獲得的啟發，龔建嘉相信，必須透過生產者、通路、消費者三方串聯、合作，在計畫性生產下，促成產銷平衡，才能加速產業的升級，因應進口鮮乳的衝擊。

鼓勵訂閱，促成產銷平衡

長期以來，冬季剩餘奶一直是酪農心中之痛。

台灣牧場目前飼養的乳牛，主要是溫帶品種的黑白花荷氏登牛，牠們夏季胃口較差，乳產量少，冬季氣溫舒適，吃得多，乳產量也高，然而，市場需求卻正好相反，鮮乳是冷藏品，消費者在冬季飲用量大幅減少，導致季節性的產銷失衡。乳品公司一貫的做法，就是在冬季以較低的價格收購，酪農不是將剩餘乳賤價出售，就是倒掉。而且，乳品公司在冬季雖然以較低的價格收購生乳，卻沒有反應在市售價格上，對酪農和消費者都不公平。

鮮乳坊是以照顧酪農為出發點，以「保價保量」為原則收購生乳，為了因應冬季牛奶過剩的問題，鮮乳坊便事先布局，尋求通路的合作，像跟鮮乳坊配合的手搖飲通路大苑子，選擇在冬季主打牛奶相關商品，而連鎖咖啡品牌路易莎，也會在牛奶盛產時，推出「小農日」的升級活動，緩解牛奶季節性的供需差距。

另外，鮮乳坊也參與合作牧場的第一線管理，透過調整乳牛的配種時間、營養均衡、降溫設備等方式，逐漸提高夏季的生乳產量，最早跟鮮乳坊展開合作的豐樂牧場，夏季產量就已經成功追上冬季產量，更能符合市場的需求。

不論是通路的冬季促銷，或是牧場夏季產量提升，都是透過「計畫」來達到產銷平衡。龔建嘉認為，計畫性生產可以讓酪農穩定經營，進而帶動產業的永續發展。

消費者的支持，也是促成產銷平衡不可或缺的一環。

鮮乳坊靠著群眾集資崛起，背後展現的正是消費者的力量。當初的集資回饋方案，便是鼓勵消費者以訂閱的方式支持酪農。鮮乳坊的訂閱制推廣至今，累積人次約四、五萬人次，目前維持約兩千名上下的會員數。

透過訂閱制，生產端可以預測與掌握需求量，降低供乳不足或過度的問題。由於鮮乳坊是採取宅配的方式，將牛奶送到訂戶手上，除了會附加物流費用，訂戶如果白天不在家，或是居住的大樓管理室沒有冰箱，無法保存牛奶，消費者收貨不方便，也會影響訂閱的意願。

因此，龔建嘉便向合作愉快的全家便利商店提議發展訂閱制，未來平台技術成熟後，訂戶可以直接到超商取貨，物流成本也能降低。當會員數量達到一定的規模經濟時，就能夠落實「社群支持型農業」，生產者不必擔心供過於求，消費者則開始有更多主導權，甚至可以根據消費者的期待，從事計畫生產，滿足多樣的需求。

為了促成產銷平衡，鮮乳坊必須爭取酪農的合作，在飼養、配種上做出調整，由於龔建嘉和酪農們已建立深厚互信，加上鮮乳坊的牧場團隊的專業實力，酪農們樂意配合，讓冬夏兩季的鮮乳產量可以平衡。

一件只有消費者能做的事

至於通路、消費者，鮮乳坊則必須投入更長的時間，來建立「責任消費」的共識。

《一座小行星的新飲食方式》（*Hope's Edge*）作者安娜・拉佩（Anna Lappe）說過：「你的每一次消費，都在為你想要的世界投票。」消費不只是滿足個人的需求，也是價值的展現，每一個購買行為都對生產者傳遞訊息，進而影響這個世界。

責任消費的立意雖佳，因為是比較新的觀念，還未能形成消費者的共識。龔建嘉不諱言，不論是通路的採購人員，或是一般消費大眾，在「購買」這件事上，多半還是考慮價格、ＣＰ值，很少人會去想到背後的社會責任。

他舉例，當季什麼商品熱賣，通路的採購量就大，市場需求少的商品，就會減少進貨，降低庫存。為了改變他們的做法，鮮乳坊就帶通路負責人去參觀牧場，了解產業的實況，讓他們體認採購對於穩定產業發展的責任，在反覆的溝通下，願意幫助解決冬季剩餘奶的問題。

至於跟廣大消費者建立責任消費的共識，更是長期的工程。龔建嘉透過演講、接受採訪、在雜誌上撰寫專欄等方式，喚起消費者的力量，讓購買的每一瓶鮮奶，都化為支持在地酪農的鐵票。

平衡的產銷機制，是守護產業的第一道城牆，二〇二五年後，面對低價進口乳來勢洶洶，台灣酪農還有什麼競爭優勢？

龔建嘉的答案是——品質。

Chapter 28

莊園級鮮乳，廚神也叫好

這一天，龔建嘉來到高鐵雲林站，迎接由郭哲佑陪同南下的主廚江振誠。他是台灣餐飲界的傳奇人物，獲獎不斷，所領導的RAW，是台北知名的米其林二星餐廳。江振誠平時除了投入餐飲營運，對於打造品牌也有一套。他曾跟媒體合作「大師工作坊」，郭哲佑是學員，兩人因而結緣，江振誠便在鮮乳坊的邀請下，來到雲林拜訪許慶良牧場。

在龔建嘉的導覽下，江振誠參觀了乳牛的飼料調配廚房。他專心聆聽龔建嘉的解說，拿出手機拍照記錄，並跟許慶良一家人進行交流。這位對食材相當講究的米其林主廚，對於在地酪農致力生產高品質鮮乳，給予很好的評價。

之前也曾經有北海道的牧場主人來雲林參觀，很驚訝台灣竟然有這樣等級的牧場和牛奶，乳脂肪和乳蛋白質的品質，甚至超過了北海道的水準。

來自第三方專業人士的肯定，給了龔建嘉很大的鼓舞，同時也觸發他去思考，連廚神也叫好的高品質鮮乳，該如何推廣出去？

過去乳品大廠常用「濃、醇、香」做為鮮乳品質的指標，鮮乳坊崛起後，帶動「小農鮮乳」的風潮，市面上出現了各種「小農」品牌，卻讓龔建嘉感到憂心，因為牧場規模大小並不是關鍵，重要的是能否做好飼養管理，並進行品質的把關。因此，鮮乳坊創立一年後，就不再強調「小農」，改為訴求「好農」。

「不過，我們稱自己為『好農』，必須拿出證據，才不會口說無憑，」龔建嘉指出，為了彰顯鮮乳坊產品的價值，他鑄造了一個新名詞：「莊園鮮乳」。

創新概念，提高乳品價值

鮮乳坊「莊園鮮乳」的靈感，主要來自於「精品咖啡」。龔建嘉解釋，市售咖啡一般分為商業咖啡、精品咖啡，後者又可以再細分出不同類別：單品咖啡（強調單一產區，包括國家、產地、莊園）、莊園咖啡（強調單一咖啡莊園）、微批次（micro lot，強調單一莊園分區塊批量批次生產，或是單一農民）。

用類似的概念來看市售的鮮乳，大致上也可以分為一般的混合來源鮮乳、品質更好的莊園鮮奶，後者可以再區分為：單一牧場鮮奶（牧場來源透明，可追溯）、微批次鮮奶（單一牧場分區塊批量批次生產，如A2β鮮乳）。

精品咖啡必須符合質化、量化的條件，前者是可溯源，生產履歷愈清楚，品質愈有保障，後者則是杯測分數，有香氣、風味、餘韻、口感等十二項指標。

莊園鮮奶援用了相同的條件，不過量化條件增加了營養與衛生的檢驗數值，訂定「莊園鮮乳品質標準」、可透明追溯來源的「鮮。乳源」、透過杯測，建立「牛乳風味品評」等，做為莊園鮮奶的立論基礎。

「鮮。乳源」類似牧場白皮書，有鑑於現在許多新產品都掛上「小農」的包裝，但若來源不清，反而對消費者沒有保障，因此把牧場基本資料標示清楚，包括牧場登記與農民介紹，不但可以讓生產者被看見，也能透過資訊的透明化，建立起消費者的信任。

龔建嘉的創新之處，是他想參考咖啡的杯測，建立牛奶風味品評系統。鮮奶畢竟不同於咖啡，無法將咖啡杯測的做法直接套用，因此，從品奶流程、計分項目的設計，到風味的描述方式，都必須建立全新的規則，是發展莊園鮮奶最具挑戰的一環。

就像是建築師畫出了藍圖，還需要承包商一磚一瓦來完工，龔建嘉拋出莊園鮮奶的發想，大量的資料和細節，則是由專案負責人張庭瑄彙整成形。

張庭瑄是龔建嘉的另一半，她平時跟龔建嘉住在雲林，跟酪農互動頻繁，鮮乳坊粉絲專頁的牧場動態，就出自她手，幾年下來，已累積許多第一手牧場紀錄。為了製作每本牧場的「鮮。乳源」，張庭瑄投入更多時間跟酪農訪談，細心蒐集牧場相關素材，包括平時缺乏能見度的駐場獸醫、現場人員等，都是書中內容一部分。

舉例來說，在豐樂牧場的版本中，就特別寫了一位在擠乳室工作多年的新移民夥伴，「這是『二嫂』（牧場負責人黃常禎的太太）建議我寫的，因為他們認為她是牧場重要的夥伴，值得出現在白皮書中，讓我十分感動，」張庭瑄透露。

「鮮。乳源」還有過去累積的紀錄為基礎，相形之下，必須從無到有打造

「牛乳風味品評」，則是張庭瑄另一個更難的挑戰。

牛奶，不只是牛奶

咖啡和牛奶關係密切，兩者的本質卻大不相同。喝咖啡，為了提神，後來衍生出享受風味的目的；喝牛奶則是以攝取營養為主，對於風味鮮少著墨。另一方面，咖啡杯測的概念首見於一九三二年，最初風味的描述也很簡陋，經過多年的發展，才建立出一套咖啡的詞彙，並在一九九五年訂定出標準化的杯測程序，鮮乳坊要在短時間打造一套牛奶風味品評系統，怎麼看都是無比艱鉅的工程。

不過，鮮乳坊的一貫策略就是「先做了再說！」，先建立「風味品評1.0版本」，之後再繼續優化，讓整個系統更加完善。

在雲林鄉間賣單品咖啡的芒果咖啡負責人廖思為夫婦和店長林昌潔，是資深的杯測師，鮮乳坊借重他們「品咖啡」的能力來「品鮮奶」。二〇二一年七月到九月，張庭瑄每個星期都會到芒果咖啡，跟廖思為夫婦進行「品奶」，並安排他們參訪牧場，嘗試畫出牛奶的「風味輪」，從花香、果香、草本、穀物等八大範圍中，再分出約三十種的風味，並完成牛奶標準品評流程、以及品評紀錄表（消費者和專業人士兩種版本）。

之後，鮮乳坊除了邀請荷蘭品奶師 Bas de Groot，跟芒果咖啡進行視訊交流，還找了團隊中有品評能力的夥伴累積品評紀錄，並透過電子鼻技術，從事風味的科學分析。經過大量的資料整理後，鮮乳坊找出旗下六支鮮奶的「風味落點」，未來可能在包裝上以「雷達圖」呈現，做為消費者、業務通路的基礎搭配指引。

當每支鮮奶因為風味的差異，有了自己的「個性」，搭配不同烘焙程度的咖啡豆、茶種、水果，可以發展出多樣化的風味組合。當鮮奶不再只是補充營養的飲品，而是像咖啡一樣，可以玩味、鑑賞，「品牛奶」就有機會成為一門顯學。

「一開始還真像大海撈針，不知道從何著手，只能邊做邊調整，」張庭瑄坦承：「但是隨著資源陸續湧入，整個專案也逐漸成形。」

鮮乳坊提倡莊園鮮乳，可以說是獨步全球。龔建嘉認為，台灣牧場規模較小，多半是家庭式經營，每個牧場各自有養牛的方式，所產出的牛奶，風味也有差異，「小而美」的經營模式，反而成了發展莊園鮮乳的沃土，百花齊放下，通路、消費者都可以有更多的選擇。

襲建嘉期待，當消費者逐漸習慣高品質的莊園鮮乳，台灣的牛奶面對低價進口奶，仍然會有競爭力，消費者甚至還能以訂閱的方式，支持最對味的鮮奶品牌，實踐「社群支持農業」。

不論是葡萄酒、咖啡、紅茶、巧克力，「莊園級」除了是高品質的象徵，背後也傳遞了產區風土、歷史、文化等意涵，創造了附加價值，農民對自家的產品也能引以為傲。

透過莊園鮮乳的推廣，鮮乳坊要向世界證明，台灣的牛奶值得驕傲。

Chapter 29

善待乳牛，就是守護人類

七月天，日頭赤炎炎，高溫逼近四十度。乳牛怕熱，酷熱的夏天，正是一年之中，食慾最差，精神不振，受孕率、泌乳量降低，而且也最容易生病的季節。

把牛照顧好，是牧場最重要的工作。酪農除了透過風扇、噴灑水霧、裝設隔熱屋頂等降溫系統，減輕乳牛受熱緊迫的威脅，並調整飼料配方，在採食量較少的情況下，也能維持正常的營養量。

有些牧場為了落實乳牛的健康管理，甚至不惜砸下重金，在每隻牛耳上安裝體感裝置，就像是為牛戴上運動手環，即時監測乳牛各種生理訊息，不會發生過去乳牛病倒了才被發現的狀況。

龔建嘉是牧場獸醫，他進入牛舍，踩著牛糞，了解每隻乳牛的健康狀況，酪農是否用心照顧牛隻，他比任何人都還要清楚。乳牛獲得妥善的對待，健康狀況良好，會回饋在泌乳的質和量上，酪農也會因此受惠。

在牧場日常中，落實動物福利

就讀獸醫系時，龔建嘉曾經接觸過「One Health（健康一體）」這個概念，人類健康、動物健康、環境健康，三者互相依存。從畜牧業的角度來看，飼養的過程中，如果沒有善待動物，動物疾病叢生，就會產生食安問題，影響人類的健康，甚至危害整個產業。

特別是在Covid-19肆虐全球的時代，病毒可能跨物種傳染的說法，更凸顯了「One Health」的重要性。

鮮乳坊在成立之初，就以「建立讓動物健康、農民驕傲、消費者信賴的健全食農生態」為使命，把「動物福利」做為品牌和產品訴求，喚起消費者的重視，進而成為整個產業的共識。

動物福利是個大題目，從伴侶動物、畜牧動物，到野生動物，動物福利的定義和規範都不同，即使同樣談畜牧動物，每個國家的環境不一，飼養方式、農場設施等都有差異，無法一概而論。

為了避免失焦，鮮乳坊對於動物福利的訴求，範圍設定為畜牧動物，特別是乳牛相關的動物福利，並強調要從動物行為去判斷，建立科學化的論述，才能真正落實在牧場的日常運作中。

因為有獸醫這個身分，龔建嘉在找合作牧場時，特別把酪農照顧乳牛的方式，納入考量。他觀察，有些牧場為了將獲利最大化，就會節省照顧乳牛所需耗費的成本，飼料便宜一點，牧場設備簡陋一點，即使產量高，也不是他想合作的對象。鮮乳坊合作的牧場，酪農會把最多的資源放在乳牛

乳牛不是生產「工具」，照顧好牠們的「勞動權益」，才是正道。

身上，用心養牛，牛的泌乳量高，而且牛也可以活得比較久，從經濟效益看，才是最好的投資。

除了尋找珍惜乳牛的牧場做為合作夥伴，鮮乳坊也參考「英國皇家防止虐待動物協會（Royal Society for the Prevention of Cruelty to Animals，簡稱RSCFA）」、「國家乳牛場（National Dairy FARM）」（美國）等知名國外動物保護組織的動物福利政策，以本土環境為背景，從採食、飲水、健康、醫療、環境管理等面向，建立了鮮乳坊的動物福利指標。

鮮乳坊合作的牧場原本對牛隻的照顧，就十分用心，建立動物福利指標，只是將規範更系統化。為了鼓勵酪農更積極投入動物福利，讓乳牛過得更舒適，鮮乳坊承諾將公司獲利的一〇%分給酪農做為牧場優化之用，其中就包括了動物福利。

二〇二〇年起，鮮乳坊正式將動物福利指標，納入跟酪農的合約之中。為了推廣「莊園鮮乳」，也會將動物福利指標列入各家牧場的牧場白皮書中，開創了企業和酪農合作落實動物福利的先例。

不同於狗貓等伴侶動物，乳牛是畜牧動物，酪農養牛是為了生計，因此，關懷乳牛的動物福利，必須在悲天憫人的情懷，和產業現場的實務之間，找到平衡。鮮乳坊積極扮演產業和動保界溝通的橋梁，過去曾邀請動保團體、動保相關學者到牧場參觀，促進交流。

正因為鮮乳坊對動物福利的重視，農委會在制定「牛乳友善生產系統定義與指南」時，便邀請龔建嘉擔任專家會議的成員，從獸醫及乳品公司經營者的角度貢獻意見，讓台灣推動乳牛動物福利，跨出第一步。

照顧好牛，才能照顧好消費者

過去乳品公司很少談動物福利，消費者也不太感受動物福利跟自己的相關性。事實上，乳牛如果沒有獲得良好的照顧，就容易生病，用藥之後，所生產的牛奶就可能有藥品殘留，帶來食安的風險。善待乳牛，提供最好的照顧，其實就是在保障消費者。

除了透過專業人員所提出之相關標準，目前鮮乳坊的合作牧場也已有申請通過動保團體「台灣動物社會研究會」（以下簡稱「動社」）所提出之「動物福利標章」，該會長年關注犬貓以外的動物福利，這幾年與家樂福推動動物福利雞蛋獲得許多支持，也積極倡議乳牛的動物福利，數年前龔建嘉就與該團隊分享過乳牛動物福利標準的國際研究，並交流鮮乳坊對於台灣牧場的動物福利的標準。在二〇二一年，動社發布乳牛隻動物福利標章，鮮乳坊也在第一時間率先申請，讓動物福利可以用更多不同的面向與視角被落實。

鮮乳坊支持動物福利，合作牧場的飼養方式，自然也會受到更嚴格的檢驗。「這條路不好走，卻是必須要走的一條路，」龔建嘉強調。

有位在英國皇家獸醫學院（Royal Veterinary College）念書，致力於成為動保獸醫的台灣女生，曾經來鮮乳坊的合作牧場參觀後，寫了洋洋灑灑的長信給龔建嘉。她認為，在台灣的環境下，鮮乳坊在動物福利各面向的整合，甚至做得比一些英國的牧場還好。由於英國在動物福利領域的發展相對成熟，獲得這樣的肯定，龔建嘉頗感欣慰。

龔建嘉曾經是「除役犬認養」的推手，不畏困難，也要爭取除役軍犬的權益。如今，他要以相同的堅持，讓動物福利在台灣的農業扎根，將動物健康、農民驕傲、消費者信賴，串聯成善的循環。

Chapter 30

牧場實習，培育新生代大動物獸醫

牧場一角，一張鐵製檯子成了臨時的解剖台。兩名獸醫系學生站在一旁，目光集中在龔建嘉操刀的動作上。他正在進行乳牛子宮的解剖。學生可以近距離了解乳牛子宮、卵巢的型態，甚至還能練習手指觸摸濾泡黃體的觸感。

「在牧場，手術的機會並不多，他們的運氣相當不錯，」龔建嘉透露。鮮乳坊成立之後，每年寒暑假都會提供實習名額，讓獸醫系或畜牧相關科系的學生，有機會進駐牧場，時間短則數週，長則一、兩個月，希望透過牧場實務的參與、體驗，提升成為大動物獸醫的意願，解決產業人才不足的困境。

台灣設有獸醫的大學，主要有台大、中興、嘉大、屏科大（近年還有亞洲大學新設立了學士後獸醫系），錄取的分數門檻都不低，考得上的學生，多半是教育資源較豐沛的都市孩子。由於缺乏農村生活的經驗，對於投入農業、畜牧業也較不感興趣，多數獸醫系的學生都以狗貓獸醫為職業首選，學校也把較多的教育資源，放在小動物獸醫的課程上，而且全台狗貓獸醫院林立，學生很容易找到實習機會。

相形之下，大動物相關的學習資源少，加上養牛成本很高，為了避免造成損失，一般牧場不太輕易開放給獸醫系學生實習。而且台灣獸醫師執照考試，只有筆試，不考實作，即使拿到了獸醫執照，也不代表有能力進入牧場工作，因此，全台五百多個牧場，大動物獸醫大概只有二、三十人左右，平均一位獸醫要照顧近六千隻牛，是日本的六倍。

大動物獸醫養成不易，龔建嘉也是在就讀研究所時，向前輩蕭火城老師毛遂自薦，在對方的帶領下，得以進入眾多牧場觀摩學習，才累積出牧場實戰的技術與能力。龔建嘉很清楚，即使酪農再用心養牛，牛隻相關的醫療、健康管理，仍須仰賴獸醫的專業。乳牛要健康，產業要升級，獸醫也是生產前線上不可或缺的角色。

龔建嘉以鮮乳坊為媒合平台，讓有心的獸醫系學生可以進入牧場，參與準備飼料、餵小牛、搾乳、清理環境等日常工作，正牌獸醫來巡場時，就跟著練習直腸觸診，學習聽診、打針、給藥，運氣好的話，還可以親眼看到手術，對於牧場的實際運作，大動物獸醫的工作內容，建立基礎的認識，做為日後職涯選擇的參考。

龔建嘉的目標很明確，就是要培養台灣大動物獸醫人才。鮮乳坊獸醫實習計畫，除了由鮮乳坊提供實習津貼與相關費用之外，在前面兩年也獲得永齡基金會共同支持。

一開始是由龔建嘉獨立推動實習計畫，二〇一八年後，他的另一半張庭瑄，辭掉了藥師的工作，加入鮮乳坊，負責實習計畫的專案管理，從實習生行前的心理建設，到實習過程中的關懷，對於實習生適應牧場生活，帶來不少幫助。

栽培新血，為產業永續鋪路

「醫師們認真的身影，著實使我內心澎湃不已，因為我了解，這就是自己未來想從事的工作。」

「為了趕牛，不慎掉入陳年糞坑，瞬間膝蓋以下，完全陷在牛糞中，那味道及感受，至今仍歷歷在目，想必會是今生難忘的經驗。」

「雖然課堂上有耳聞，牛開刀是站著開的，實際上看到，還是覺得很神奇，獸醫師那忙碌的身影，看著看著，還是覺得挺帥的。」

「乳牛獸醫師責任重大，不只是檢查、治療牛的健康，還要透過營養學、統計學監控牛隻狀況，誰說獸醫一定要走小動物？未來的道路多了一個選擇。」

「看到獸醫跟牧場老闆聊天的樣子，那種深厚的情誼，讓我很著迷，我很喜歡這種生活。」

……

牧場實習結束後，學生們都會寫下心得，分享他們在這段時間的成長和收穫，張庭瑄再加以整理。

學生進牧場實習，原則上就是跟著酪農一起工作，一起生活。飲食、衛生、住宿、便利性，牧場生活的舒適度不比都市，考驗著學生們適應彈性。而且，牧場不是教室，酪農也不是老師，學生們必須自動自發，從做中學，用心感受，這趟學習之旅，才能滿載而歸。

歷年來，除了有幾位適應不良，大部分的實習生都能融入牧場生活，增進對大動物獸醫工作的認識，並且跟酪農建立良好的互動。龔建嘉舉例，有一位在幸運兒牧場實習的學生，不但和酪農相處如家人，甚至在短短一個月內，就學會幫乳牛配種，有些牧場的第二代，花了兩、三年還不見得學得會。

讓龔建嘉印象深刻的，還有一位來自台大的「學霸」。這名實習生不但會念書，也積極參與公共事務。他在鮮乳坊的安排下，進入彰化一家牧場實習。由於牧場沒有辦法提供住宿，酪農還動用私人關係，讓他住在村長家。

這名學生看過一點國外養牛的書，來到牧場後，儼然把自己當成了指導員，對酪農的養牛方式提出各種意見。而且，他對於寄宿村長家中，似乎也覺得理所當然，不但未表感激，甚至還有抱怨。酪農實在受不了學生傲慢的態度，就狠狠把對方罵了一頓，表明不希望他留在牧場。

可貴的是，這名學生有很高的自省能力。挨罵之後，他並沒有打退堂鼓，而是調整心態，虛心學習，逐漸理解每個國家風土條件不同，養牛方式自然也有差異。這位學生在實習心得中寫道，這段牧場實習經驗，幫助他看清楚自己的問題，他很感激酪農的當頭棒喝。

這名實習生後來跟酪農變成很好的朋友，過年時，還會特別帶伴手禮去

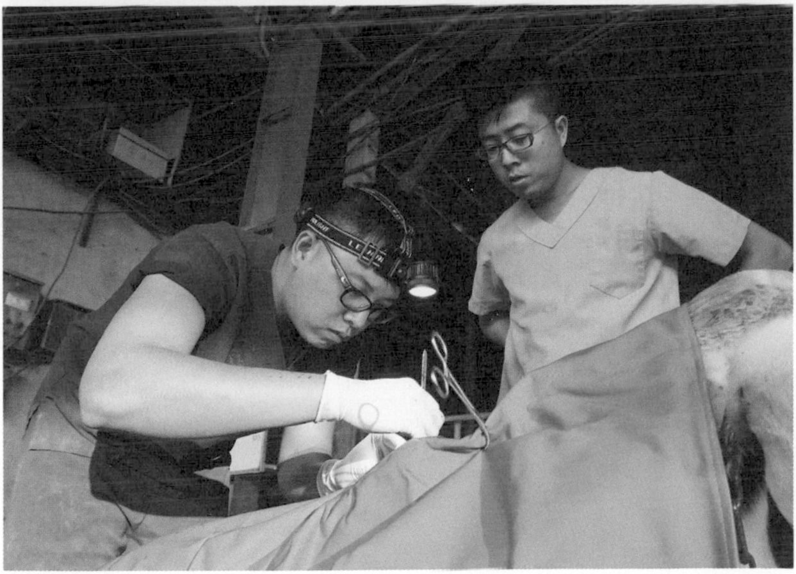

牧場並不輕易對外開放，就像當年恩師不吝帶他進入牧場累積經驗，龔建嘉如今也大方傳承經驗，希望為台灣的酪農業培養優秀的獸醫新血。

拜年，酪農跟龔建嘉聊天時，也經常提起這位學生。

牧場作息緊湊，接待實習生，其實是額外的負擔。龔建嘉很慶幸，很多參與實習計畫的酪農認同他的理念，願意給年輕人機會。

有位台大獸醫系的學生完成在南部牧場的實習後，決定成為大動物獸醫。因為他人住在北部，龔建嘉介紹他到一家北部的牧場工作。到職後，這位年輕人發現自己所學仍不足應付現場實務，酪農便決定支持他到屏科大繼續進修，不但繼續付薪資，連學費都幫忙出，慷慨栽培大動物獸醫新血，讓龔建嘉十分感動。

每年的牧場實習計畫，從事先發布消息、進行面試、尋找配合的牧場、安排住宿，到關心學生的實習狀況，解決疑難雜症，實習結束收集心得，鮮乳坊在每一個環節都投入了不少時間、人力、資源。

張庭瑄舉例，即使龔建嘉再忙，也會親自跟學生面試，一場面試至少十五分鐘，總計要花上五、六個鐘頭，更不用說安排實習牧場時，要經過很多溝通協調，用大費周章來形容，也不為過。然而，學生完成實習後，即使當了大動物獸醫，也未必在鮮乳坊合作的牧場服務。如果只是為了鮮乳坊自身的利益著想，大可不必這麼做。

不過，龔建嘉在乎的是產業的永續發展，只要能夠促成更多新生代獸醫投入產業，牧場實習計畫就會繼續辦下去。

根據張庭瑄的統計，到二〇二〇年為止，參與鮮乳坊牧場實習計畫的學生，大約有六十位，已畢業的占三成，實際成為大動物獸醫的，則有三、四位，看起來不是很多，但是對照原有的大動物獸醫人數（二、三十位），已經是很不錯的成績。

「不論這些實習生未來做出什麼選擇，如果在牧場實習後，他們願意思考另一種可能，我們的付出就有價值了，」張庭瑄說。

二〇二一年，原本有十五名學生申請牧場實習，受到疫情影響，能否開辦充滿了變數，仍有七位學生表示願意等待，最後鮮乳坊也排除萬難，兩位安排在豐榮牧場，其他幾位則跟著第一線的臨床獸醫（包括龔建嘉）跑，以變通的方式，完成了牧場實習計畫。

鮮乳坊不僅協助牧場養牛，也為產業孕育人才。當這些獸醫新血成為產業的生力軍，乳牛會獲得更好的照顧，生產高品質的牛奶，未來台灣牛奶產業才有實力跟低價進口奶背水一戰。

Chapter 31

食農教育，找回人與土地的連結

熾紅的花海一路向遠方延伸，在雲林縣崙背鄉知名的「豐榮木棉花道」旁，有一間百年小學。

創立於一九二一年，豐榮國小是不折不扣的偏鄉小校，全校學生不到百名，四成以上來自單親、隔代教養、新移民等弱勢家庭，平時對孩子疏於照顧，學生沒有生活自理能力，加上學習資源匱乏，對自己更是沒有信心。

教導主任葉雅菁從二〇〇五年起，開始在豐榮國小任職。她仍記得，當年報到時，眼前一片荒蕪蒼涼，學校旁還有一片墓園，想到自己的教職生涯，竟要從這個偏僻昏暗的地方開始，葉雅菁沮喪得掉下了眼淚。

如今，豐榮國小已改頭換面。走進校門，迎面而來，是各種裝置藝術，色彩鮮豔繽紛，不少是以乳牛為主題，將校園點綴得生趣盎然。

伴隨著多彩的學習環境，豐榮國小所推動的特色課程，以「食農教育」

為主軸，透過「農藝」、「工藝」、「廚藝」三大面向，為偏鄉學童找回活力和希望。

「一開始，初衷很簡單，就是建立學生的生活自理能力，」葉雅菁透露，由於家長不是務農，就是打零工，孩子的三餐通常都是靠外食解決，長期攝取高油、高鹽、多糖的飲食，對健康造成極大的威脅。

因此，為了推動健康飲食，校方先從培養學生的廚藝著手，之後呼應雲林縣政府的教育政策，教學生種豆、種蔬菜、種水果，體驗並記錄食物從土地到餐桌的歷程，除了讓孩子認識無毒有機農耕，也體認農業對家鄉的珍貴意義。

崙背鄉是全台第二大酪農專區，僅次於台南柳營，然而，豐榮國小初期並沒有將酪農納入食農教育的課程中，葉雅菁坦言，可能是因為校內的老師多半是外地人，對於在地的了解還是不夠深入。隨著課程朝「聚焦社區特色、結合產業發展」持續深化，老師們才發現學校附近有座許慶良牧場，開始帶著學生參訪牧場，與酪農交流，了解在地的產業。

豐榮國小位於154縣道旁，舊地名為貓兒干，特色課程便取名為「154貓兒干，酪香豐食尚」，內容琳琅滿目，包括種植玉米（乳牛的飼料來源之一）、用牛奶做科學實驗、編寫酪農百科、拍酪農紀錄片、認識世界各國的酪農業，最終希望培養出孩子行銷家鄉的能力。

走訪牧場是跟酪農產業接軌的第一步。學生們來到許慶良牧場，扮演小記者，從如何餵養乳牛，到採集的生乳如何保存、運送，提出各種問題，牧場第二代接班人許東森都耐心解答。透過這樣的體驗，學生不但跟家鄉的連結更深，甚至還觸動了對未來職涯的想像。

有名學生原生家庭功能不彰，由叔叔帶大，本身不愛念書，還帶了點江湖味，老師們都有點擔心他。「參觀牧場那一天，東森叔叔展示了一顆乳牛的牙齒，這個孩子的眼睛立刻亮了起來，我從來沒見過他這樣的眼神，」葉雅菁回憶，學生對乳牛產生了興趣，表示他也想從事照顧牛隻的工作，許東森告訴他：「那你可以去當獸醫啊！」

或許有一天，因為一趟牧場之行，點燃了學習的熱情，崙背鄉會出現一位在地長大的大動物獸醫。

某次上網查資料時，葉雅菁看到了龔建嘉的相關報導，認為可以為學生帶來啟發，就大膽打電話聯絡，約他到豐榮國小演講，龔建嘉很爽快答應了。後來才發現，龔建嘉就是許慶良牧場的獸醫，豐榮國小跟鮮乳坊之間的連結，就這麼建立起來。

土生土長的孩子，找到自信和夢想

創立鮮乳坊之後，龔建嘉做過不少演講，到豐榮國小，對著一群小學生演講，倒是他生平第一遭。

龔建嘉得知有學生參觀牧場後，對於成為乳牛醫師有很大的興趣，當天他就特意穿上藍色獸醫工作服，戴著檢查乳牛直腸用的透明手套，「以崙背獸醫最常出現的樣子，讓小朋友了解原來自己生活的家鄉，有著這樣的產業鏈和職業，並供應全台灣高品質的鮮乳，」龔建嘉強調：「希望讓小朋友感受到崙背是一個值得驕傲的地方。」

有位雲林在地電視台的記者知道有這場活動，即使那一天是他的休假日，仍帶著攝影機來拍攝，演講之後，還訪問了多位學生，讓他們對著鏡頭分享自己的心得。這位記者本身是雲林人，他選擇回鄉工作，初衷就是為了讓家鄉被看見。龔建嘉看著他跟孩子們做訪談，心中充滿了感動，很慶幸這塊土地上，有著很多關懷家鄉的人。

一個來自天龍國的獸醫，讓酪農區土生土長的孩子
更加了解這塊土地，找到自信和夢想。

資源分配不均一向是龔建嘉關注的議題。他從台北來到雲林定居，可以清楚感受在地的孩子，學習資源遠不如都會小孩，然而，還是有葉雅菁這樣的熱血老師，願意帶著學生從環境探索中，尋找夢想的機會，當孩子們認識了自己的家鄉，認同這片土地的文化和價值，長大之後，就會像那位記者一樣，願意留在家鄉打拚。

近年來，地方創生的風潮方興未艾，許多有志者推動地域活化的過程中，遇到的難題之一，就是地方缺乏工作機會。在龔建嘉眼裡，「讓對的地方，留下適合的產業」，不但是地方創生的重要精神，更是有效解方之一。將原本就發展成熟的乳品產業發揚光大，必能吸引更多年輕人才願意返鄉落地生根，為地方帶來希望。

從那次演講之後，葉雅菁陸陸續續又邀請龔建嘉演講了好幾次，即使工作再忙，龔建嘉也會排出時間，來豐榮國小跟學生交流。二〇二〇年，豐榮國小跟崙背鄉合作，以酪農課程為主題，參加了四健會（農村青年組織）競賽，葉雅菁也找來龔建嘉和許慶良牧場從旁指導。

共有五名學生代表參加競賽，根據「牧場參觀」、「跟龔建嘉哥哥的經驗交流」、「用牛奶做起司」、「學習心得」四部分，輪番上陣進行發表。

學生們用心準備了許多素材，比方說，介紹牧場時，就展示防踢器、擠乳器、牛舍電風扇、飼料攪拌器等牧場設備的照片，甚至還帶了一塊礦鹽（可為乳牛補充礦物質）到現場。

另有一個段落是介紹龔建嘉的大動物獸醫工作，也有鮮乳坊提供的「直腸觸枕」做為道具，示範如何為乳牛觸診。

由於發表內容中，有酪農、獸醫的專業，就會找龔建嘉和許東森一起參加排練，除了確認內容的正確性，也是幫孩子加油打氣。

最後，豐榮國小拿下了雲林縣農會四健會競賽全縣第一名，在全國也拿到了三等獎的肯定，這座偏鄉小校跟在地的酪農產業連結上了，開始發光發熱。

食農教育，就是透過食物，找回人與土地的連結。

人如其食，做正確的選擇

龔建嘉是食農教育的推手。他經常受邀到學校、企業演講，每年近百場的演講中，大約有六成是以食農教育為主題。

台灣的食農教育，參考自日本的「食育」。二〇〇五年日本頒布了「食育基本法」，以家庭、學校、地域等為單位，加強民眾對食物營養、食品安全的認識，以及食文化的傳承、與環境的調和、對食物的感恩之心，並希望能透過食育相關的環境教育，增加農民自信心，吸引年輕世代投入農業生產行列。

食農教育的推廣，經常是透過「體驗」，對象是以學童居多。不過，龔建嘉對食農教育的詮釋，則是聚焦在「建立選擇食物的基本知識」。「如何選擇食物，才能真正滿足個人營養上的需求，而且對得起環境、對得起土地？食農教育就是教我們如何做出正確的選擇。」

過去沒有食農教育，消費者選擇食物時，很少會關心食物是如何生產出來，而生產過程中又付出了多少環境成本。因為缺乏消費者的監督，製造商也不將生產過程公開透明，可能就衍生出食安、環安等問題。

舉例來說，很多人不知道，自己所食用的雞蛋，大多來自「格子籠」的飼牧場。A4紙張大小的籠子裡，塞進二到四隻蛋雞。因為空間狹小，母雞們動彈不得，更不要說張開翅膀，梳理羽翼，清除身上的羽蝨。雞農解決蟲害的方式，就是採用「芬普尼」等藥物，導致雞蛋遭到污染，釀成「毒雞蛋」危機。

龔建嘉很認同「消費是對你想要的世界投下一票」，前提是消費者必須具備產地溯源、公平交易等觀念，了解自己的消費，對產業所傳遞的訊息，讓負責任的消費，帶動負責任的生產。

鮮乳坊除了跟酪農合作，提供消費者高品質的牛奶，同時也扮演「教育者」的角色，把牛奶的生產過程，帶進消費者的視角中，正是一種食農教育的實踐。

二〇一八年，知名連鎖超市家樂福推動「食物轉型計畫」，以「為食物把關」為訴求，帶消費者認識優質的產品。龔建嘉曾經跟家樂福文教基金會執行長蘇小真，在社會企業相關活動中，數次同台，得知有此計畫後，就主動向家樂福提案。許慶良鮮乳就是透過「食物轉型計畫」，正式在家樂福上架。

產品上市後，家樂福更在各賣場利用獨立的許慶良鮮乳櫃位、小電視播放相關影片、大看板文宣等行銷資源，拉近酪農和消費者之間的距離。在想要一起為食農教育努力的共識下，家樂福更支持鮮乳坊在店內執行各式各樣的活動，包括親子講座、在特定店內舉辦擠乳體驗等，而龔建嘉也獲邀跟家樂福的店長們分享一瓶鮮乳背後的議題，召喚更多人一起為食農教育扎根。

在這個數位科技發達的時代，龔建嘉也以數位思維來思考乳品業的未來。他用iPhone手機來形容，不論新機上市再轟動，總是會出現機能更好的下一代，他相信，即使是歷史悠久的乳品業，也能不斷進化，變得愈來愈好。「未來的農產品，會更環保、更人道、更人文、更安心。而什麼是農產品的未來？更營養、更分眾、更跨界、更創新。」

鮮乳坊是家年輕的乳品公司，規模不大，卻懷抱著遠大的願景。不論是從牧場落實動物福利、培育大動物獸醫人才，或是向消費者推廣食農教育、責任消費，甚至是提倡莊園鮮乳，提升牛奶的價值，都是在推動產業升級，讓台灣所生產的牛奶，未來仍然能持續滋養著這塊土地上的人們。

尾聲

另一種選擇的影響力

這是變化多端的時代，也是應變勝出的時代。

Covid-19疫情持續發燒，全台進入警戒，在各方面都對鮮乳坊造成衝擊，而鮮乳坊也迅速做出了應變措施。

首先是牧場。台灣的酪農多半是家庭經營，跟外人接觸機會少，還能繼續運作。不過，乳牛的飼料有一半仰賴進口，疫情影響了全球航運，原物料價格上漲三成，酪農的飼養成本也跟著飆高，甚至有斷糧的危機。鮮乳坊除了協助酪農備料，也透過營養師提供不同的配方，讓酪農可以應用。

其次是通路。咖啡店、飲料店、烘焙店，向來是鮮乳坊重要的業務通路，受到疫情影響，面臨了生存危機，鮮乳坊共體時艱，除了改變叫貨規則，一瓶鮮奶也送，連物流費用也一併吸收，力挺合作店家度過難關。至於做上班族外帶生意的路易莎、大苑子，鮮乳坊也鼓勵強化鮮乳販售的服務，減緩「在家上班」導致的業績下滑。

另外，考慮到消費者外出採買不易，鮮乳坊趁勢推出了「好農蔬果箱」，從動物福利雞蛋，到有生產履歷的蔬菜、水果，每一樣都是可安心溯源的農產品，用自家物流車隊配送，在疫情中為消費者把關健康。

鮮乳坊的企業文化，是以信任做為基礎，夥伴即使在家上班，對工作仍全力以赴，反而是公司擔心每個人線上會議變多，工作時間反而更長，除了提醒大家要報加班，並經常寄出各種食品、營養品來慰勞夥伴。

變局中，鮮乳坊撐起了一把「共好」的大傘，為酪農、通路、消費者、團隊，提供各種解決方案。事實上，這也是鮮乳坊創辦以來，一直努力在做的事。

食安風暴後，龔建嘉看到了產業改革的契機。鮮乳坊以「自己的牛奶自己救」為訴求，獲得社會大眾的支持。這家由大動物獸醫成立的牛奶公司，不走傳統乳品企業營運的模式，甚至翻轉了業界的遊戲規則。話題熱度消退後，鮮乳坊懷抱理想能夠走多遠，整個產業都在看。

根據統計，新創企業只有百分之一，能夠活過第五年。如今，鮮乳坊已經穩穩走過了第六年，證明了有理想的企業，一樣能生存下來。

每一個看似微不足道的改變

「直到現在為止，鮮乳坊的每一天都超過我的預期，」龔建嘉有感而發。他創立鮮乳坊，起始點其實很簡單，就是提供酪農、消費者「另一種選擇」。隨著合作的牧場從一家增加到六家，鮮乳坊在各大通路的能見度攀升，獲得愈來愈多消費者的支持，「另一種選擇」已逐漸形成了影響力。

龔建嘉原本擔憂大動物獸醫在台灣將走向凋零。他透過鮮乳坊彰顯「獸醫把關」的價值，推動牧場實習計畫吸引人才，向來以培養狗貓獸醫為主的台大獸醫系也開始注意到「另一種選擇」。二〇二一年的實習計畫，就有三分之一的投件來自台大獸醫系，占了最大的比例。

鮮乳坊所做的，就是帶起這些小小的改變，每個改變看似微不足道，其實都讓他們所在意的人、事、物變得更好一點。

從創立第一年，鮮乳坊就一直摸索如何成為一家更好的公司，因此開始主動參與各種外部機構的認證。龔建嘉和其他兩位創辦人，都沒有太多企業管理的經驗，他們希望透過完成這些認證的指標，找出經營者真正該追求的事。

鮮乳坊先是在二〇一六年通過自律聯盟審核登錄為社會企業，對於公司存在的目的和意義，有了更清楚的釐清。二〇一八年底，鮮乳坊獲得英國SROI（Social Return On Investment，國際社會價值學會）認證，這是一套將社會影響力透過財務代理指數「量化」的評估工具，經過準則計算後，鮮乳坊每投資一元，就能產生四．〇五元的社會影響力。

二〇二〇年底，鮮乳坊通過了公司治理、夥伴照顧、環境友善、社區發展、客戶影響力等五人面向的全面檢視，拿到了「B型企業」的認證。B型企業追求共享價值的最大化為目標，「獲利」不再是定義企業成功的唯一指標，給了龔建嘉不少啟發。

「我們自己把B型企業的精神，轉譯為『把共同利益最佳化』，也就是把各個面向的利害相關人，包含乳牛、酪農、消費者、通路、工作夥伴與股東，全都考量進去的共好思維，」龔建嘉解釋。

初生之犢不畏虎，龔建嘉和他的鮮乳坊團隊展現無比的勇氣，一點一滴扭轉了乳品產業的不公平。

Better Together

經營一家企業，經常得在理想和現實中做出選擇，鮮乳坊比其他乳品公司，承擔了更多社會信任，更必須戰戰兢兢面對各種考驗，至於乳品市場上用混合乳源但做農民概念包裝的「假小農」充斥，以及未來台紐經濟合作協定將對酪農業造成的衝擊，鮮乳坊接下來要走的路，依然充滿挑戰。

龔建嘉常常對鮮乳坊團隊說：「不要在改變世界之前，先被世界改變。」與其說是提醒夥伴，更多時候他是在提醒自己，因為創業過程中的起起伏伏，容易讓人迷失，他必須時時刻刻莫忘初衷。

鮮乳坊其實是品牌名，這家公司登記的名字是「慕渴」，除了是牛奶英文的諧音，這兩個字翻轉過來是「渴慕」，貼在鮮乳坊公司一入門口的牆上，呼應了《聖經》上的一段文字，「就要渴慕那純淨的靈奶，像才生的嬰孩愛慕奶一樣，叫你們因此漸長，以致得救」在那段經文中，牛奶象徵了上帝的愛。「愛，是唯一的添加」是龔建嘉在TED×Taipei認識的好朋友火星爺爺幫鮮乳坊下的注解，無論是支持酪農、協助通路、為消費者把關、照顧團隊，鮮乳坊的「共好」，就是從行動開始，點點滴滴，全都是愛。

後記

這是一瓶有故事的鮮乳

接近早上九點，我抵達雲林高鐵站。阿嘉在閘口等我，像是《愛麗絲夢遊仙境》（*Alice's Adventures in Wonderland*）裡的白兔先生，帶領我進入一個陌生的世界。

我必須坦承，在接下這本書之前，我並不認識鮮乳坊。我是典型的天龍國人，手不沾泥，腳不下田。做為消費者，我以便利至上。當我需要鮮奶，會去距離最近的超商，挑選架上價格最便宜的品牌。

我對手上的鮮奶是怎麼來的，並不關心。「只不過是一瓶鮮乳，每個品牌應該都差不多吧？」心底的聲音這樣告訴我。

後來我才發現，其實不一樣。而且，非常不一樣。

還是先回到高鐵站的鬧口。我跟阿嘉碰面後，旋即展開了三天兩夜的採訪行程。阿嘉已經為我規劃好了——我們會去拜訪芒果咖啡、參加酪農的聚餐、牧場的月會。我會採訪牧場管理規劃師，以及在地從事食農教育的老師。

整趟旅程中，有很多讓我記憶深刻的畫面。

我記得在那溫暖、瀰漫著「家庭感」的芒果咖啡，男主人廖思為透露，他如何為咖啡尋找最適合的牛奶；我記得在酪農聚餐時，幸運兒牧場的陳界全、吳碧莉夫婦就坐在我對面，當大嫂大方分享他們的戀愛史時，大哥只是憨憨微笑；我記得走在豐榮國小繽紛的校園裡，葉雅菁老師描述如何把在地酪農業，結合學校的食農教育，建立孩子們對家鄉的認同感時，她臉上欣慰的表情。

還有一段特別的插曲，並不在原來排定的行程中。

那是第二天的中午，結束了嘉明牧場的會議，阿嘉載著我去雲林鎮上吃午飯。車開到一個路口，他突然停下來，說要買咖啡。在路邊一間租書店前，有一個小小的木製攤車，寫著「牧羊人手工咖啡」，狹窄的空間除了擺滿沖咖啡的器材，最顯眼的就是鮮乳坊的乳牛立牌。

阿嘉向我介紹，年輕的老闆平時在加油站還有份工作，賣手工咖啡主要是興趣。價目表看起來很親民，單品咖啡都在百元以下，但是老闆選豆講究，牛奶也只用成本比較高的鮮乳坊。

站在塵埃飛揚的馬路邊，承受著日曬雨淋，賣著絕對不可能賺大錢的手工咖啡，這位年輕的「牧羊人」還是有那麼多品質的堅持，初衷可能只是認為，在地鄉親值得喝到一杯好咖啡。

很多事情的起心動念，或許單純出於善意，就像是阿嘉相信，酪農值得更好待遇，消費者值得更好的產品，他就出來開了一家牛奶公司。

回到台北，我想起這趟旅程中所遇到各種不同的人，他們來自不同的生命背景，卻有一個共通之處，就是有所堅持。大家原本有各自的軌道，毫不相干，卻因為一瓶鮮奶，生命有了交集。

隨著採訪不斷的開展，遇到更多有所堅持的人，我逐漸意識到，自己不只是在寫一家牛奶公司，也在寫這場牛奶革命中的「眾生相」，除了鮮乳坊三名優秀的創辦人，還有用心養牛的酪農、有理念的通路、熱情的消費者，以及一群有著戰鬥魂的團隊，一起加入改革的行列，才能推動台灣的乳品產業有所改變。

當我發現，一瓶牛奶背後，可以放射出這麼多人與人之間的連結，面對架上眾多的鮮奶品牌，我知道該怎麼選擇。除了鮮奶，我也想去了解其他食物是怎麼來到我的手上，多少人參與了這個過程。我願意支持「好農」，用消費表達我對這個世界的意見。我成為跟之前不一樣的消費者，這是我在鮮乳坊這個「wonderland」走過一遭後，最大的收穫。

如果我的收穫，能夠帶給讀者一些啟發，就是這本書的價值所在。最後，除了感謝每一位受訪者，還有一個「內幕」，值得記下。

這本書在二〇一七年八月就開始動工，經歷兩任作者，始終無法順利問世，原本可能從此胎死腹中。因為編輯依蒔鍥而不捨，促成我在二〇二一年年初，有機會參與這本書的撰寫。當我將第一版的書稿寄給依蒔時，她感嘆：「等待了1496天，終於等到了。」

我問她：「為什麼妳這麼堅持要讓這本書出版？」她的回答，正是我經歷十萬多字的搏鬥後，真真切切的感受：「因為鮮乳坊的故事，值得被更多人知道。」

財經企管 BCB750

做一件只有你能做的事

從一個人到一群人，鮮乳坊用一瓶牛奶改變一個產業

口述 — 龔建嘉、林曉灣、郭哲佑等人
作者 — 謝其濬

總編輯 — 吳佩穎
副總編輯 — 黃安妮
責任編輯 — 李依蒔、黃筱涵
封面設計 — Ayen Chen
內頁設計 — Bianco Tsai
內頁照片 — 鮮乳坊提供

出版者 — 遠見天下文化出版股份有限公司
創辦人 — 高希均、王力行
遠見 ・ 天下文化 事業群董事長 — 高希均
事業群發行人／ CEO — 王力行
天下文化社長 — 林天來
天下文化總經理 — 林芳燕
國際事務開發部兼版權中心總監 — 潘欣
法律顧問 — 理律法律事務所陳長文律師
著作權顧問 — 魏啟翔律師
社址 — 台北市 104 松江路 93 巷 1 號
讀者服務專線 —（02）2662-0012 ｜傳真 —（02）2662-0007；2662-0009
電子郵件信箱 — cwpc@cwgv.com.tw
直接郵撥帳號 — 1326703-6 號 遠見天下文化出版股份有限公司

電腦排版 — 立全電腦印前排版有限公司
製版廠 — 中原造像股份有限公司
印刷廠 — 中原造像股份有限公司
裝訂廠 — 中原造像股份有限公司
登記證 — 局版台業字第 2517 號
總經銷 — 大和書報圖書股份有限公司｜電話 — (02)8990-2588
出版日期 — 2021 年 12 月 31 日第一版第 1 次印行
2022 年 8 月 18 日第一版第 4 次印行

定 價 — NT 480 元
ISBN — 978-986-525-379-0
EISBN — 9789865253813 (EPUB)；9789865253837 (PDF)
書 號 — BCB750
天下文化官網 — bookzone.cwgv.com.tw

國家圖書館出版品預行編目(CIP)資料

做一件只有你能做的事：從一個人到一群人，鮮乳坊用一瓶牛奶改變一個產業 /謝其濬著. -- 第一版. -- 臺北市：遠見天下文化出版股份有限公司, 2022.01
面； 公分. -- (財經企管；BCB750)

ISBN 978-986-525-379-0(平裝)

1.龔建嘉 2.酪農業 3.農業經營 4.傳記

437.314　　110018811